MANUEL

DU

CULTIVATEUR.

PRAIRIES ET FOURRAGES.

OUVRAGES DU MÊME AUTEUR

chez le même Imprimeur-libraire.

1.º ARCHITECTURE RURALE théorique et pratique, 2.ᵉ édition, 1826, planches, in-8.º....... 6ᶠ 5o

2.º LETTRES POLITIQUES D'UN AMI A UN AMI, sur la charte et les lois organiques, 1828, in-8.º.. 1 5o

3.º ALMANACH DU CULTIVATEUR, 1834, in-18..... » 5o

4.º PRÉCIS DE L'HISTOIRE DES PEUPLES ANCIENS, précédés de notions générales, géographiques et chronologiques, et suivis d'observations sur la religion, le gouvernement, la législation, les mœurs, les sciences, les arts et les lettres ; in-8.º, 1838-1839, 4 vol...... 3o

5.º ZOOLOGIE DU CULTIVATEUR, ou Dictionnaire abrégé des animaux utiles ou nuisibles à l'économie rurale et domestique, in-12, 1840.. 1 5o

6.º INSTRUCTION PRATIQUE SUR LA CULTURE FORESTIÈRE, in-12, 1840........................ » 75

TRAITÉ PRATIQUE

DES PRAIRIES

ET

DES FOURRAGES

DANS

LES TERRES FORTES ET ARGILEUSES DU MIDI;

Par A. J. M. DE S.ᵗ-FELIX,

MEMBRE DE PLUSIEURS SOCIÉTÉS SAVANTES.

A TOULOUSE,

Chez Jean-Matthieu DOULADOURE, Imprimeur-
Libraire, rue Saint-Rome, 41.

—

1841.

AVERTISSEMENT.

Nos terres du Lauraguais ont un certain renom de fertilité, peut-être exagéré ; cette réputation leur a été donnée par l'influence de celle de la plaine du canal, qui la mérite à tous égards : mais celles des coteaux supérieurs, dédaignées par les cultivateurs de la plaine, et longtemps méprisées, sont cependant composées de semblables éléments ; leurs proportions seules diffèrent, et peuvent être changées et améliorées par la profondeur des labours, parce que le sous-sol contient en général les parties qui se trouvent en trop petite quantité dans le sol supérieur. Je ne suis aucunement chimiste, mais quarante ans d'expérience raisonnée m'ont mis à même de connaître à peu près tous mes champs, et quoique leur composition me paraisse très-variable, on peut croire que trois principes les constituent ; le principe calcaire, le principe argileux, le principe sablonneux ; l'humus y est toujours en trop petite proportion.

Nos terres de la plaine, quelques parties engraissées depuis longtemps autour des habita-

tions, et dans les plaines hautes, peuvent être
appelées terres *franches*, et on peut évaluer ainsi
leur composition : argile 30; sable 30 : calcaire
25; perte et humus 15 ; en tout 100 parties.

Les terres que nous appelons *fortes*, composent la plus grande partie de nos plaines hautes,
et nos coteaux moins rapides, surtout ceux qui
sont tournés vers le sud-ouest et le couchant.
Celles-ci peuvent contenir 20 parties de calcaire,
50 d'argile, 20 de sable quartzueux, et seulement 10 de perte et d'humus.

Nos terres calcaires, ou, comme nous les appelons, *caussanels*, composent principalement
nos coteaux prononcés tournés vers le sud-est et
le levant, dits *soleillas* : je suppose qu'elles con-
tiennent 30 parties de calcaire, 40 d'argile, 20
de sable, et 10 de perte et d'humus.

Enfin, les terres que nous nommons *boulbènes
froides*, sont les plus délicates et les plus diffici-
les à mettre en valeur ; elles constituent nos coteaux inclinés vers le nord, ou *aversens;* elles
se composent d'environ 60 parties d'argile,
20 de sable, 15 de calcaire, et seulement 5 de
perte ou d'humus.

Un ignorant ne peut que dire des à peu
près ; mais cependant j'ai la conscience que c'est
une évaluation qui approche de la vérité, et
sur laquelle nous cultivateurs pouvons établir
quelques appréciations.

Je dois aussi dire quelque chose des mesures dont nous faisons usage. Quoique je ne puisse savoir quelle est la valeur réelle du système de poids et mesures dont la révolution nous a gratifiés; quoique l'on puisse douter de l'exactitude d'un élément que l'on dit pris de la détermination de la dix-millionième partie du quart du méridien terrestre ; il n'en est pas moins vrai que la persistance souvent tyrannique que l'on a mise depuis plus de quarante ans à imposer cette infraction à nos habitudes , et qui eût pu être plus tôt couronnée de succès si on n'avait pas voulu faire absolument du neuf, a produit le grand avantage de donner de l'uniformité : et la sage condescendance qui avait laissé prendre des noms anciens avec une division duodécimale bien plus usuelle , a plus fait avancer cette œuvre que la ridicule prétention qui a voulu en dernier lieu revenir à la division décimale. Il n'y a guères que la mesure agraire que dans nos habitudes nous avons rejetée.

Ainsi pour les mesures de grains nous employons l'*hectolitre* que nous divisons par quart ou par cinquième.

Ainsi pour les mesures de longueur , la *toise de six pieds* représente deux *mètres*.

Ainsi pour les mesures de liquides , nous employons le *litre* concurremment avec des appréciations plus fortes.

Ainsi pour les poids, notre *livre* est devenue le demi-*kilogramme*.

Ainsi pour les mesures des bois, notre pile ou *bûcher* de trois *stères*, n'est, à cause de l'usage du surchargement, que de deux stères et demi.

Je me sers donc dans mes ouvrages :

De l'*arpent* du Lauraguais de 600 perches carrées de 14 empans de côté, qui représente 59 ares 27 centiares.

Du *bûcher* de Villefranche, de 9 empans de longueur sur 5 empans et demi de hauteur; la longueur de la bûche de 5 empans et demi; ce bûcher est de 3 stères 8 centièmes, et 2 stères et demi lorsque celui-ci est surchargé.

De l'*hectolitre* ou setier.

De la *livre* ou demi-kilogramme, du *quintal* de cent livres ou cinquante kilogrammes.

Du *péga* de 3 litres 78 centièmes; de la *velte* de deux pégas 17 centièmes, ou 8 litres 19; de la *charge* de 15 veltes, de 32 pégas et demi et de 123 litres et demi.

Ces indications m'ont semblé nécessaires pour me faire parfaitement comprendre. Si cet opuscule a quelque valeur, c'est par sa simplicité et sa clarté; il ne faut pas que l'on puisse tomber dans quelque méprise.

TRAITÉ PRATIQUE

DES PRAIRIES

ET

DES FOURRAGES.

------—◦——------

INTRODUCTION.

DES PRAIRIES ET FOURRAGES EN GÉNÉRAL.

Le premier, le principal objet de l'agriculture,
est la production des grains destinés à la nourriture de l'homme ; le second, est celle des plantes
qui servent à l'alimentation des animaux domestiques : et ce dernier mérite d'autant plus notre
sollicitude, qu'il a un rapport indirect, mais bien
puissant, avec le premier. Depuis que l'Eternel,
ayant un égard paternel au changement arrivé
dans la température depuis le bouleversement oc-
casionné par la malice de l'homme, a ajouté la
chair aux aliments qui étaient affectés à celui-ci
dans le commencement, cette dernière est indis-

1 *

pensable à notre hygiène ; les animaux le sont à nos travaux, à l'engrais de nos terres ; et tout peuple dont la principale nourriture est le pain , épuise le sol en principe, comme celui qui consomme beaucoup de viande le tient dans un état permanent d'amélioration. Les idées et les goûts des Français se rapprochent évidemment , depuis une cinquantaine d'années , de ce but désirable ; aussi le débit, et par suite la production de la viande , augmentent-ils considérablement et progressivement. Or, les céréales sont la nourriture de l'homme , et les foins et les fourrages sont celle des animaux. Aussi ces derniers ont-ils une importance égale , et doivent-ils être la base de l'agriculture. Si j'ai obtenu des succès , je les dois à leur reproduction en grand et à une rotation calculée. Les animaux sont naturellement nourris en vert , c'est le produit des pâturages : mais la nécessité de les affourager , six mois au moins , avec du sec dans nos climats ; la sécheresse désolante de nos étés , qui ne leur laisse rien à paître , tout rend indispensable l'emmagasinement de l'herbe fanée ; aussi ne pouvons-nous pas compter sur les pâturages qui jouent un si grand rôle dans les climats humides : nous devons nous en tenir aux nourritures sèches , et les aider par des productions spontanées que nous offrent , en certains cas , les bois , les plantes qui repoussent quelquefois , les berges de nos cours d'eau , les lisières de nos champs. Cette nourriture sèche , presque habituelle , nous la tirons des prairies soit naturelles , soit artificielles ; quelquefois , quand le climat ou la série des phénomènes de la végétation le per-

mettent , des plantes dont la racine ou les tubercules viennent aussi nous aider ; enfin , des
grains que nous livrons à leur consommation.
Après avoir lu tous les ouvrages qui ont paru sur
les prairies , après les avoir médités , après de
nombreuses expériences continuées pendant près
de quarante ans sur une assez grande échelle , il
m'est démontré que nous devons nous tracer des
règles particulières, et appropriées à nos usages, à
notre sol et à notre climat. Quoique en général
nos terres fortes et argileuses ne soient pas les
plus favorables à la propagation des fourrages ,
nous pouvons cependant nous suffire. C'est ce que
j'ai voulu indiquer : et un traité absolument pratique , et fondé sur ma propre expérience , la
rendra commune à ceux qui commencent , leur
permettra de continuer mes essais , et , selon toute
apparence, de les porter plus loin , et d'augmenter
ainsi la masse de nos connaissances agricoles.

Il sera donc ici question, et d'après ma pratique
personnelle , 1.º des prairies de toute nature ;
2.º des fourragères , ou prairies annuelles exclusivement en vert; 3.º des fourrages-racines; 4.º des
fourrages en grain. Je dirai ce que je sais par ma
propre expérience , tout ce que je sais , rien que
ce que je sais. Il y aura ici beaucoup de lacunes
sans doute , mais d'autres les combleront ; et je
pourrai me dire que j'ai porté mon modeste tribut
à l'édifice, qu'il appartient à nous, cultivateurs,
et qu'il n'appartient qu'à nous de construire, pour
l'utilité de ceux qui nous succèdent dans cette
noble et patriotique occupation.

Première Partie.

DES DIFFÉRENTES ESPÈCES DE PRAIRIES.

EN faisant usage des différentes plantes que je vais indiquer, on compose des tapis de verdure ou des champs d'herbages, que l'on peut couper, une ou plusieurs fois, et que nous appelons *prairies*. Les unes, peuplées de graminées vivaces ou pérennes, sont nommées *prairies naturelles* : les autres, recevant une ou plusieurs espèces de plantes annuelles ou temporaires, presque toutes de la famille des légumineuses, sont les *prairies artificielles*.

CHAPITRE PREMIER.

DES PRAIRIES NATURELLES.

Les prairies naturelles sont d'autant plus profitables, que, prospérant sur un terrain frais, plus ou moins limoneux et léger, elles s'élèvent davantage, sont d'un plus grand produit, d'une plus grande durée; et lorsqu'elles sont susceptibles d'être artificiellement arrosées, le produit en est plus abondant, et donne une seconde, et quelquefois une troisième coupe que l'on appelle *regain*. Malheureusement pour nous, nos coteaux habituellement secs, notre climat ordinairement ardent, ne nous permettent de songer qu'à des irrigations circonstancielles, locales et rares. Nos terres, plus ou moins argileuses, serrées, peu perméables, ne sont pas très-propres à ces produits, et les autres conditions n'y peuvent être communes. Cependant, en choisissant les localités, on peut espérer qu'ici, comme ailleurs, on pourra créer quelques prés. Lorsque j'ai craint que les prairies artificielles pussent finir par nous offrir moins de chances, j'ai cherché à étudier mon sol, afin d'y trouver quelques probabilités de succès, et mes études n'ont pas été vaines. Je dirai naïvement quelles ont été mes précautions, à quels travaux je me suis livré, les résultats que j'ai obtenus, et ceux de mes lecteurs dont les terres sont analogues aux miennes, n'auront pas sans doute de peine à mieux faire et réussir davantage; mais au moins aurai-je eu la satisfaction d'avoir simplifié la question, de l'avoir réduite à ses moindres termes, et de leur avoir peut-être épargné quelques expériences et quelques tentatives infructueuses.

Des diverses plantes qui peuvent former des prairies.

Voici les plantes, qu'après quelques essais, je me suis décidé à faire entrer dans la composition de mes prairies naturelles.

I. *Houlque.*

La HOULQUE LAINEUSE, *blanchard velouté* (*holcus lanatus*), est surtout remarquable par ses feuilles larges et douces, et son panicule d'un blanc purpurin; les unes comme l'autre couverts d'un duvet cotonneux. Cette plante est rustique, sa tige est assez forte; elle ne devient pas haute, sa maturité est tardive; mais elle donne aux herbes menues la consistance qui leur manque, elle est assez parfumée, et est assez peu difficile sur le terrain. Je la regarde comme très-propre à entrer, en petite quantité néanmoins, dans la composition de nos prairies naturelles; mais je ne l'ai pas cultivée seule; dans ce cas, il en faudrait de quinze à vingt livres par arpent.

II. *Flouve.*

La FLOUVE ODORANTE, *fluve (anthroxantum odoratum)*, est une plante qui peut venir en tout terrain, et surtout qui conserve sa qualité dans les endroits fertiles, mais secs. Elle est précoce, ses feuilles sont menues et velues, son foin est d'une odeur suave et forte, ce qui la rend très-propre à relever la saveur des plantes fades; aussi, quoique s'élevant peu, et gazonnant plutôt qu'elle ne monte, elle est très-précieuse pour améliorer le mélange des prairies naturelles, et c'est à elle qu'est due l'aromatisation des prés dans les montagnes élevées : elle est d'ailleurs trop faible et trop courte pour pouvoir être cultivée seule.

III. *Vulpins.*

Le VULPIN ou *queue de renard (alopecurus)*, est, en général, une assez bonne plante, qui aime les terres fraîches, qui s'épaissit, est assez précoce et fait de bon foin ; il résiste aux hivers rigoureux ; mais seul, il redoute la sécheresse. Le plus élevé, et celui dont la qualité est la meilleure, est le *vulpin des prés* (*A. pratense*). Le *vulpin des champs* (*A. agrestis*) est moins difficile sur le terrain. Les autres n'offrent rien de particulier, et sont très-inférieurs à ceux-ci : le vulpin exige, semé seul, de 30 à 40 livres par arpent.

IV. *Fétuques.*

La FÉTUQUE ou *fétu* (*festuca*) est une plante très-menue, qui doit être coupée jeune, pour en obtenir de bon foin. La FÉTUQUE FLOTTANTE (*festuca fluitans*) vient naturellement le long des eaux, des fossés et dans les terrains aquatiques. Tous les bestiaux la recherchent, et sa graine est fort employée dans le nord, sous le nom de *manne*, pour les oiseaux de basse-cour, et même pour l'homme. La FÉTUQUE ÉLÉGANTE (*F. phœnix*) lui ressemble beaucoup ; mais les espèces qu'il convient le mieux de cultiver, sont la FÉTUQUE ÉLEVÉE (*F. elatior*), qui s'élève très-haut, donne un fourrage gros, mais de bonne qualité, et qui doit être fauchée de bonne heure ; et la FÉTUQUE DES PRÉS (*F. pratense*), qui fournit moins d'herbe, mais plus fine, et est beaucoup moins difficile sur le terrain. C'est un bon élément pour les prairies naturelles, pourvu que le terrain soit assez riche ; mais c'est un maigre fourrage employé seul, et qu'il faudrait semer à raison de 40 ou 50 livres par arpent. La FÉTUQUE OVINE, *fétuque des troupeaux, fétuque rouge* (*F. ovina*), est aussi très-bonne en mélange ; mais elle durcit, et ne fait pas un très-bon pâturage, semée seule, et à raison de 3o liv. par arpent. Dans les lieux élevés, on trouve la FÉTUQUE DURETTE (*F. duriuscula*), qui résiste très-bien à la sécheresse, mais produit un mauvais foin.

V. *Fléoles.*

J'ai essayé le THIMOTHY des Anglais, FLÉOLE ou *fléau des prés*, *massète* (*phleum pratense*) dans une terre humide, fraîche, un peu argileuse. Elle a fait une prairie épaisse, mais très-peu élevée et tardive. M. le comte de Chazal, mon beau-frère, qui la cultivait beaucoup dans sa terre de la *Sablonière*, près Bonny sur Loire, me l'avait fort vantée, et je n'ai pas trouvé que sa prédilection pour elle fût justifiée ici par l'expérience. Sa végétation, quoique vigoureuse, a toujours été fort peu ascendante, et, sous ce rapport, elle ne doit être mise dans les prairies naturelles qu'en petite quantité ; comme fourrage artificiel, elle donne peu, ne dure pas, et son foin est dur et aigre. Après trois années consécutives, en 1831, 1832 et 1833, j'ai dû y renoncer : je l'avais semée à raison de 20 livres par arpent. La FLÉOLE NOUEUSE (*phleum nodosum*) a les racines un peu bulbeuses; elle s'élève moins que la précédente, et sa constitution est la même. La FLÉOLE DES ALPES (*P. alpinum*) veut les terrains secs, fait un bon foin, mais peu abondant.

VI. *Paturins.*

Le nom seul de cette plante indique sa supériorité pour former des pâturages. C'est, en effet, une espèce très-commune dans les prairies, surtout la variété nommée PATURIN DES PRÉS, *poa des prés* (*poa pratense*), aussi appelée *chiendent des prés*, mais dont les racines traçantes épuisent la terre et nuisent aux autres plantes. Cependant, il est très-avantageux de la placer dans les prairies, parce qu'elle vient de bonne heure, gazonne bien et s'élève assez haut ; le foin en est bon, tendre et parfumé. Je l'ai essayé seul ; mais ses racines traçantes le rendent difficile à rompre, quoiqu'il se dégarnisse : cependant, je persiste à le mettre dans les prairies ; seul, il demande une bonne terre, fraîche et substantielle, sinon il diminue beaucoup de hauteur. J'ai mis par arpent vingt livres de graine. On trouve dans les pâturages secs, même arides, le PATURIN DES ALPES (*P. alpina*), le PATURIN BULBEUX (*P. bulbosa*), aussi connu sous les noms de PATURIN ÉCHALOTE, enfin le PATURIN DES BOIS (*P. nemoralis*), assez bon fourrage.

VII. *Foins.*

Cette dénomination, assez employée pour désigner les CANCHES (*aira*), et les AGROSTIDES (*agrostis*), est une preuve de l'impropriété des termes vulgaires. Les canches et les agrostides font, il est vrai, beaucoup de foin, mais il est dur, inodore, et est peu recherché par les bestiaux. La CANCHE ÉLEVÉE (*aira cespitosa*) a de plus le désagrément de croître en touffe ; mais elle a l'avantage d'aider et de supporter les autres plantes. L'AGROSTIDE BLANCHE (*agrostis alba*) s'élève moins ; comme la canche, donne un foin tardif, mais il est de meilleure qualité : elle préfère les terrains humides. Il y a beaucoup de canches dans la graine de foin de la Durance, que j'ai beaucoup employée, dont on paraît assez content, mais que j'ai fini de repousser par cette raison. L'agrostide, vantée par les Anglais, sous le nom de *fiorin*, et connue par nous sous le nom de *traînasse*, ne mérite, à mon avis, nullement sa réputation. Si on la sème seule, il faut quatre à cinq livres de graine par arpent. Elle s'accommode de tous les terrains; ce qui est un véritable avantage dans nos terres fortes et sèches; mais, dans tous les cas, elle est bien au-dessous du mérite qu'on lui attribue. Ces deux espèces préfèrent les terres fraîches et un peu humides; mais la *canche de montagne* (*aira flexuosa*) et l'*agrostis capillaire* (*A. capillaris*), se trouvent naturellement dans les terres élevées et sèches.

VIII. *Avoine élevée et Ivraie vivace.*

Les cultivateurs, en général, et même beaucoup d'auteurs, ont confondu ces deux plantes, dont les noms propres sont AVOINE ÉLEVÉE (*avena elatior*), et qui reçoivent aussi les noms de FROMENTAL, *faux froment, faux seigle, faux ray-grass*; et IVRAIE VIVACE (*lolium perenne*), RAY-GRASS *d'Angleterre*. L'une et l'autre sont considérées comme pouvant servir, et servant naturellement de base à nos prairies naturelles, car elles aiment à croître avec d'autres de la même famille. Leur fourrage est précoce et assez abondant; mais il est rare que dans son plus grand luxe de végétation l'ivraie vivace atteigne de deux pieds à deux pieds et demi de haut, tandis que le fromental s'élève souvent à trois et trois et demi. Ces deux plantes sont pérennes, mais l'avoine élevée aime les terrains supérieurs, quoique profonds et substantiels ; l'ivraie vivace préfère les terrains humides, et même elle les tolère aquatiques : toutes deux aiment une fraîcheur accidentelle, couvrent bien le sol , sont habituellement très-vertes et c'est d'elles que l'on compose ces gazons si recherchés dans les jardins, et que, dans nos climats, assujettis à l'ardeur estivale des mois de juin , juillet et août , il est si difficile d'obtenir. D'après toutes ces considérations, je ne crois pas que l'on doive penser à en composer des prairies artificielles ; elles sont bien mieux employées en prairies persistantes, pourvu qu'on les coupe toujours avant la maturité de leurs graines, autrement leur paille est sèche , coriace , sans saveur et sans parfum. Aussi c'est en s'occupant des prairies naturelles que nous leur rendons l'hommage qui leur est dû à tous égards.

Les autres avoines vivaces sont : l'AVOINE DES PRÉS (*avena pratensis*), l'AVOINE COTONNEUSE (*A. pubescens*), et l'AVOINE DORÉE (*A. flavescens*), qui, dans nos terres à prés , donne un foin d'excellente qualité.

IX. *Ivraie d'Italie.*

L'IVRAIE OU FROMENTAL D'ITALIE (*lolium italicum*) est plutôt une espèce distincte du *ray-grass* (*lolium perenne*) qu'une simple variété de cette plante. Sans doute qu'elle lui ressemble par son port , par ses épis ; mais elle offre beaucoup de différence : elle ne gazonne pas , croît par touffes isolées , s'élève davantage , repousse

après la coupe , et a les feuilles plus larges. On
la vantait beaucoup et on se méfiait en général
de la bonne foi des marchands de graine. Ce fut
en 1829 que mon beau-frère , M. le Comte de
Chazal , chez qui je la trouvai cultivée , m'en
procura des semences choisies ; en 1830 et 1831 ,
je la cultivai en espérant qu'elle pourrait me procurer au moins une bonne dépaissance ; je la
plaçai dans une terre médiocre et calcaire , très-
propre à l'esparcette , et qui me donnait d'excellente avoine et de très-bon froment. La végétation y fut assez belle , mais ses touffes éparses
ne me donnèrent point une bonne prairie. On
m'avait dit que coupée après sa maturité la paille
n'était que peu recherchée des animaux. Je fus
convaincu du contraire , les bestiaux dévorèrent
avec avidité la paille battue , mais cette plante
ne me parut pas propre non plus à entrer dans
la composition des prairies naturelles. Elle tue
ses voisins et ne peut vivre qu'isolée. Elle ne
dure guère que deux ans , et pendant sa culture
que j'ai suivie avec attention pendant les années
1830 , 1831 et 1832 , j'ai cru m'assurer que
comme fourrage artificiel , c'était une médiocre
ressource ; c'est ce qui m'a fait renoncer à sa
propagation. Au reste , je l'ai trouvée suffisamment épaisse en la semant à raison de 30 livres
par arpent.

X. *Dactyle.*

Le DACTYLE *pelotonné* ou *aggloméré* (*dacty-*
lus glomerata), que ses panicules unilatérales
ressemblant à une patte font distinguer , est

une plante tour à tour vantée à cause de sa précocité , de l'abondance de son fourrage et de sa facilité à s'accommoder de terrains élevés et secs ; et décriée pour ses tiges grosses et dures , ses feuilles larges et rudes , qui lui ont fait donner le sobriquet de *foin rude*. Je pense que le dactyle peut former des pacages artificiels assez utiles , mais beaucoup trop peu importants pour y sacrifier un sol qui puisse rapporter autre chose ; et je pense aussi qu'il peut entrer sans inconvénient , et en petite quantité néanmoins , dans les prairies naturelles de nos coteaux plus ou moins calcaires. Comme la graine avorte souvent , il faut , quand on le sème seul , en mettre de trente-six à quarante livres par arpent.

XI. *Brize, Alpistes.*

La BRIZE *tremblante, amourette* (*briza media*) est une plante sauvage bien connue , parce que les pédoncules capillaires de son panicule lâche et très-ouvert font facilement agiter par le vent ses épillets ovales , blancs , verts ou violets. Elle donne un foin très-fin , mais en petite quantité ; il est recherché des bêtes à laine et se trouve fréquemment sur le bord des chemins et dans les pâturages secs et élevés. Je ne crois pas nécessaire d'en rechercher les semences pour les placer dans les prairies naturelles où elle se trouve naturellement.

L'ALPISTE est dans le même cas : l'ALPISTE FLÉAU (*phalaris phleoïdes*) dans les terres sèches , et l'ALPISTE ROSEAU ou *ruban* (*P. arundinacea*) dans les terres humides.

XII. *Autres graminées.*

Beaucoup d'autres graminées vivaces seraient susceptibles de culture, quelques-unes se trouvent même dans les prairies naturelles, mais elles ne me paraissent pas dignes d'être cultivées spécialement. Dans ce nombre se trouvent les BROMES, *bromes*, surtout le BROME DOUX (*bromus mollis*), le BROME PINNÉ (*B. corniculatus*), surtout le BROME GIGANTESQUE (*B. giganteus*), très-élevé, mais donnant un foin très-grossier, et le BROME DES PRÉS (*B. pratensis*), qui se rencontre assez souvent dans les prés secs et dont le foin est passable : les ROSEAUX *herbacés* et surtout l'ÉLYME *des sables* (*arundo arenaria*) : le MIL OU MILLET (*millium*), entr'autres le MILLET ÉTALÉ (*M. effusum*), et le MILLET NOIR (*M. paradoxum*) : les MÉLIQUES (*melica*) dont est la MÉLIQUE DE SIBÉRIE (*M. altissima*), et la MÉLIQUE BLEUE (*M. cœrulea*) : la CRETELLE *huppée* (*cynosorus cristata*).

ARTICLE PREMIER.

Du choix du terrain.

Un terrain est susceptible de faire des prairies, pour peu qu'il soit de bonne qualité, s'il renferme peu de pierres, obstacle permanent au fauchage, ce qui ne nous arrive pas ; quand il s'en rencontre, d'ailleurs, il faut le faire épierrer avec soin ; lorsqu'il n'est pas trop argileux ou calcaire, ce que nous rencontrons souvent ; les ombrages ne sont pas un obstacle ; mais ce qui en est un réel, c'est d'être sujet à l'inondation : les coteaux exposés au nord ne sont pas à dédaigner, et s'ils peuvent accidentellement recevoir quelques irrigations, on rencontre là ce qui est le plus à désirer. Les terres éloignées, quand elles ne sont pas trop exposées à la fraude, sont les plus convenables, car le labourage et les travaux accessoires y sont plus pénibles et plus coûteux.

ARTICLE II.

De la préparation du terrain.

Quoique les prairies soient en général composées de graminées qui ne pivotent point comme les légumineuses, il est toujours utile de préparer le terrain à les recevoir par de profonds labours ; ces graminées pénètrent le sol plus qu'on ne le suppose : d'ailleurs, il est nécessaire d'assécher la terre, de lui réserver aussi une ressource contre la sécheresse si commune dans ce pays ; et ce double but ne peut être atteint que par l'augmentation de la couche végétale. Il faut donc que le soc pénètre jusques à dix pouces au moins, croiser les labours, multiplier les hersages, et obtenir un ameublissement complet. Il faut aussi rechercher les eaux qui peuvent devenir stagnantes ; et par de grands fossés permanents aussi directs que possible, des rigoles cachées et soutenues par des pierres ou des fagots de bois vert, auxquelles les sarments et surtout les rejets d'aune sont très-propres, se garantir à tout jamais des infiltrations dangereuses, des naissants d'eau, des flaques, des *stagnals* (comme l'on dit ici) qui rendraient la prairie malsaine, et propageraient les plantes aquatiques qui sont presque toutes pernicieuses. Trois labours sont indispensables, et des hersages bien combinés et bien profonds émietteront la terre et la rendront plus perméable tant à la végétation des racines des plantes, qu'aux effets de l'atmosphère. Il faut aplanir le sol avec soin, ne laisser que peu ou point d'irrégularités, à moins que dans un parc les effets de lumière exigent plus de mouvement. De plus, il faut engraisser et fumer d'après les exigences : j'ai employé depuis vingt jusques à quarante voitures de fumier par arpent. On emploie avec succès le fumier frais et long, qui soulève la terre, mais ne le porter qu'au commencement de l'hiver, l'enterrer sur-le-champ ; et on peut achever l'amendement après les pluies de l'hiver avec du fumier consommé, qui est alors plus ordinaire dans la ferme. Ce fumier doit être comme l'autre enterré sur-le-champ, la terre bien hersée et préparée attendra l'époque du semis.

ARTICLE III.

De l'ensemencement et de l'établissement des prairies.

On voit par ce qui précède, que je suppose que le printemps est l'époque de l'ensemencement : non que je n'aie moi-même semé dans l'automne, mais j'aime mieux la première époque. Les grandes pluies de l'hiver fatiguent beaucoup les jeunes plantes, et il est indispensable pour ainsi dire de les mélanger avec des céréales, méthode que je n'aime pas beaucoup; je trouve que l'analogie de la végétation de toutes ces graminées leur nuit réciproquement; la terre bien travaillée et fort amendée pousse si vigoureusement la céréale, que les graminées semées avec elle en souffrent et s'éclaircissent. Cet inconvénient n'existe pas pour les semences de printemps que je fais toujours seules, et auxquelles le mélange d'avoine ou d'orge est toujours funeste, lors même qu'on coupe ces derniers en vert. Je suis d'une opinion contraire pour les légumineuses. Les pluies du printemps qui sont si ordinaires, plombent la terre; les graminées lèvent assez bien, et n'ont guère à craindre dans la première période de leur vie que les gelées tardives si meurtrières dans ces localités, et qui m'empêchent de semer avant le mois d'avril et le commencement de mai. Je sème la graine à la main après un hersage, et plus ordinairement avec un travail léger à la houe que nous nommons *entrepiquage*; et que j'emploie toujours si la terre est très-humide ou trop sèche. A mesure que les bandes ou *paillons* sont ensemencés, on enterre la graine aussi à la main avec le râteau. Ce travail est cher sans doute; mais j'ai pour principe de ne rien épargner pour l'établissement d'une prairie qui doit durer longtemps. A la première pluie et même sans pluie, la graine germe et résiste même à la sécheresse plus que je ne l'aurais cru; l'année 1839 a été pour moi une leçon d'autant plus profitable qu'elle nous est plus rarement donnée, et mes prairies de toute nature, malgré une absence de pluie si prolongée que je les croyais perdues, ont fini par tapisser le sol après l'hiver et d'une façon inespérée.

Quant au mélange d'espèces que j'emploie, après avoir bien étudié mon sol, je me suis fait un petit catalogue des plantes qui réussissent dans nos terres en première, en seconde et en troisième ligne, soit pour la vigueur et la force de la plante, soit pour la qualité du foin qu'elles fournissent; et c'est avec plaisir que je le communique ici, en distinguant celles propres aux terres fraîches, et celles plus adaptées aux terres sèches et élevées ; mais souvent je les mêle ensemble, ainsi que je le dirai plus bas.

Tableau des plantes les plus propres à former les prairies naturelles.

TERRAIN BAS, FRAIS, FORT ET LIMONEUX.

1.ᵉʳ Ordre.
- *Vulpin des prés*, abondant, fin, précoce.
- *Paturin des prés*, haut, fin, délicat, abondant.
- *Paturin commun*, moins abondant, bon.

2.ᵉ Ordre.
- *Avoine élevée*, foin haut, un peu grossier.
- *Fétuque élevée*, haut, grossier, abondant.
- *Paturin annuel*, très-bas, bon.
- *Mélique bleue*, haut, abondant, médiocre.
- *Houlque laineuse*, haut, productif, bon.
- *Vulpin des champs*, bas, précoce, bon.

3.ᵉ Ordre.
- *Ivraie vivace*, sec, haut, très-grossier.
- *Fléole des prés*, élevé, abondant, grossier.
- *Flouve odorante*, fortement aromatisé, presque rampant, médiocre.
- *Dactyle pelotonné*, haut, grossier et rude, productif.

TERRAIN FORT, ARGILO-SILICEUX, SEC, ÉLEVÉ.

1.er ORDRE.

Paturin des prés, excellent.
Paturin commun, excellent.
Paturin annuel, ici presque rampant, bon.
Avoine dorée dite *foin fin*, médiocre, bon.

2.e ORDRE.

Avoine élevée, médiocre.
Houlque laineuse, médiocre, productif, bon.
Fétuque ovine, *coquiole*, peu productif, bas, excellent.
Paturin des Alpes, grêle, médiocre, peu productif, fin, délicat.
Canche flexueuse, médiocre, bon.
Mélique élevée, haut, dur, abondant, bon néanmoins.
Brize tremblante, médiocre ou rampant, fin, excellent.
Fléole des Alpes, bas, peu abondant, bon.
Phalaris fléau, médiocre, peu abondant, bon.
Fétuque des prés, bas, médiocre, bon.

3.e ORDRE.

Flouve odorante, trop aromatisé, rampant.
Dactyle pelotonné, médiocre, rude.

Il est d'un usage général, d'autant plus rationnel que la nature nous en offre la règle, de mêler ensemble différentes plantes, surtout des graminées, pour former des prairies; c'est ce qui distingue, à proprement parler, les prairies naturelles des prairies artificielles : il est sensible d'ailleurs que les plantes n'étant pas toutes soumises aux mêmes influences, les variations de la température et les vicissitudes de l'état habituel de l'atmosphère doivent les impressionner diversement ; et que conséquemment les progrès plus qu'ordinaires des unes, compensent la défectuosité circonstantielle des autres. Il est sans doute utile que la floraison ait à peu près lieu dans le même temps ; cependant ce serait une erreur de croire que cette condition soit inflexible. D'abord, les observations précédentes peuvent faire penser que cette époque doit varier souvent ; ensuite il est important pour le pâturage d'avoir des divergences qui le rendent plus fructueux et plus productif. Il n'est pas même inutile d'y mêler quelques légumineuses qui pivotent davantage ; même des légumineuses bisannuelles ou triennales, qui se perpétuent par leurs semences ; et qui en disparaissant, cèdent la place aux graminées qui leur sont accolées : je me suis donc bien trouvé de mêler du sainfoin, de la lupuline, du trèfle blanc, à mes prairies ; elles assurent la récolte dès la première année et la suivante, et ensuite y perpétuent du foin plus nourrissant ; car ce mélange de plantes que tant de motifs font adopter, reçoit encore de cette considération importante encore plus de poids : mais je n'aime pas trop à y mêler beaucoup de luzerne ; cette dernière plante est insociable, elle étouffe les autres, et sa végétation presque perpétuelle produit une dépaissance dangereuse.

Au reste, sans vouloir prohiber, ainsi que je l'ai dit, l'alliance de plantes dissemblables dans leur floraison ; je crois utile d'indiquer en général, et sans tenir compte des lieux et des terrains qui changent souvent cette disposition, l'époque de la maturité des diverses espèces que j'ai indiquées.

Les unes fleurissent les premières, ce sont les flouves, les vulpins, les paturins, les dactyles, quelques fétuques, l'avoine élevée et l'ivraie vivace.

Celles qui fleurissent après celles-là sont les grandes fétuques, les brizes, les cretelles, l'avoine dorée, les houlques, le paturin des bois, les millets, quelques bromes, les élymes.

Enfin, celles qui fleurissent les dernières sont l'orge des prés, le vulpin tardif, les fléaux, le brome gigantesque, les agrostides, les canches, les méliques, et ce qui compose en général nos graines de foin commun.

Lorsque je commençai à établir des prairies naturelles, on me parla beaucoup du foin de la Durance, dont plusieurs personnes composaient le fond de leur composition ; et la prairie que que je formai en 1833, fut ainsi conçue : par arpent, 100^l foin de la Durance, 5^l paturin des prés, 2^l houlque laineuse, 3^l fléole des prés, 6^l lupuline. Je fus content de l'introduction de ce légumineux ; et en 1835, je composai ainsi mon nouveau pré : foin de la Durance, 100^l ; trèfle blanc, 2^l ; fétuque ovine, 3^l ; paturin des prés, 4^l ; dactyle aggloméré, 3^l ; houlque, 2^l ; lupuline, 10^l. Ces prairies étaient placées dans un sol très-bon, mais un peu sec, quoique sur le bord d'un ruisseau. Celui que je fis en 1836 était dans une position analogue, mais dans un vallon plus resserré et plus humide sur la lisière d'un bois ; je le modifiai ainsi : foin de la Durance, 100^l ; paturin, 1^l ; houlque, 1^l ; dactyle, 2^l ; trèfle blanc, 2^l ; lupuline, 12^l. L'expérience ne tarda pas à m'apprendre que les canches et les agrostides qui composaient la plus grande partie du foin de la Durance étaient trop précoces, s'élevaient trop haut, donnaient un fourrage trop

sec et trop ligneux , que les autres plantes ne
corrigeaient pas assez et ne parfumaient pas suffisamment ; le prix en était élevé , et souvent il
ne levait que très-incomplètement. Je me dé-
cidai , dans un semis que je fis en 1839 , à lui
substituer de la graine de foin que je me pro-
curai à Revel , et que je complétai avec celle que
je retirai des magasins militaires à Toulouse. Le
sac de cette graine pouvait représenter dix livres
de graine épurée , et je trouvais ma semence un
peu claire : je composai ainsi le semis de cette
année ; foin de Revel , 12 sacs ou 120¹ ; foin de
Toulouse , 6 sacs ou 60¹ ; en tout 180¹. J'y ajou-
tai des criblures de graine de sainfoin pour 3 à 4
sacs , formant 3o¹ ; une demi-livre du trèfle blanc
et 3¹ de lupuline. Ces dernières semences furent
placées dans une partie de cette prairie sur un
coteau exposé au midi. Malgré l'horrible sécheresse que nous avions éprouvée cette année , la
prairie se développa dans l'hiver, et la première
coupe que j'en fis en 1840 , se composa de quatre
charretées formant environ soixante quintaux en
sec , le tout par arpent. Le foin était plus doux ,
plus parfumé , plus vert ; aussi dans le dernier
semis que j'ai fait en 1840 , je l'ai ainsi composé :
foin de Toulouse , 20 sacs ou 200¹ ; lupuline , 5¹ ;
vulpin des prés , 3¹. J'attends le produit pour
pouvoir le juger. Malgré la sécheresse de cette
année , il est très-vert , et même j'ai été obligé de
le faucher pour détruire de fortes herbes parasites qui menaçaient de nuire à la prairie ; ces
herbes grossières étaient cependant mêlées d'assez
bonnes plantes pour me donner un foin passable

que j'ai engrangé avec plaisir. Ces exemples
pourront servir à diriger ceux qui établissent des
prairies dans les mêmes conditions que celles que
je suis obligé de subir.

ARTICLE IV.

De l'entretien des prairies.

Ce serait une erreur de croire, comme il n'est
que trop général, que les prairies une fois établies n'ont besoin d'aucun entretien. Indépendamment de l'épierrement lorsqu'il est nécessaire, ce qui facilite le passage de la faux ; de
l'affermissement du sol par le passage d'un rou-
leau ou d'une herse renversée, ce que nos
terres n'exigent pas ; il faut avoir soin de re-
creuser les nauses, les fossés ; de relever les berges ; d'éparpiller la terre des taupinières et les
excréments des animaux qui ont pâturé ; de
balayer, surtout auprès du logis, les feuilles que
les vents ont apportées dans l'été ou dont ils ont
encombré les saignées, fossés et rigoles.

L'engraissement est aussi un soin annuel et qui
est indispensable pour conserver la prairie en
rapport. Le fumier ordinaire ne convient pas,
il fournit trop de mauvaises semences, et donne
trop de force aux grosses herbes nuisibles. Cependant M. de Villeneuve, dont l'expérience et
la sagacité méritent toute confiance, compose
un engrais avec des curures de fosses à fumier,
des balles de blé, des gazons, des terres végé-
tales, des cendres et de la chaux, qui fermen-

tant à part engraissent convenablement ses prairies. Un hectolitre de poudrette jeté de temps en temps , car il ne faut pas prodiguer cet engrais , leur redonne bien de la vigueur. Mais ordinairement je me borne chaque année à jeter sur chaque arpent de mes prairies naturelles comme artificielles , un hectolitre ou trois quintaux de plâtre à bâtir, tamisé et criblé.

Il faut avoir soin de détruire ou d'éloigner les animaux nuisibles, tels que la *taupe* , la *fourmi* , le *hanneton* , le *criquet*, la *courtillière* (*V*. la *Zoologie du Cultivateur*), si cela est possible : par des sarclages, des arrachements, on débarrasse les prairies des herbes nuisibles, inutiles et parasites. Cette opération n'est pas facile, mais en s'en occupant à intervalles , elle rend la prairie bien meilleure. Ces plantes sont en grand nombre.

Celles que l'on appelle *mauvaises herbes* , sont en général des cryptogames des familles des *mousses* (*musci*), des *fougères* (*filices*), des *prêles* (*equisetæ*) et des *naïades* (*naïades*) dans les terrains humides. Dans les monocotylédones sont les *laiches* (*carex*) et les *scirpes* (*scyrpis*), les *joncs* (*junci*) ; dans les *joncoïdes* , le *butome* ou *jonc fleuri* (*butomus ombellatus*), le *plantain d'eau* (*alisma*), les *colchiques* (*colchicum*), la *veratre* (*veratrum*). Toutes ces plantes répugnent plus ou moins aux animaux et leur sont plus ou moins nuisibles. Les *orchis* (*orchis*) étouffent les bonnes plantes par leur force et l'ampleur de leurs fleurs. Les *liliacées* (*lilia*), surtout la *fritillaire* (*fritillaria*) et les diverses espèces d'*ail* (*allium*) donnent un mauvais goût au lait.

Dans les dycotylédones, on doit se défaire de la *patience* ou *oseille sauvage* (*rumex*) qui est repoussée par les animaux, et qui occupe une place très-inutilement, et du *poivre d'eau* (*polygonum hydropipes*) considéré comme dangereux. Dans les *aristoloches* (*aristolochiæ*), la *clématite* (*aristolochia clematitis*) trace beaucoup dans les lieux humides et doit être détruite avec soin, quoiqu'elle ne soit point malfaisante.

Dans les *lysimachies* (*primulaceæ*) on doit proscrire la *lysimachie commune* (*primulacea vulgaris*), la *primevère* (*P. veris*) qui envahissent beaucoup de terrain, et le *globulaire* (*P. globularia*) qui déplaît aux animaux.

Dans les *pédiculaires* ou *rhinanthacées* (*pediculariæ*), la *pédiculaire* (*pedicularis*) est nuisible aux moutons, et la *crochrète* (*rhinanthus*) fait de très-mauvais foin.

Dans les *labiées* (*labiatæ*), les *sauges* (*salviæ*), la *germandrée* (*teucrium*), les *menthes* (*menthæ*), les *mélisses* (*melissæ*) sont généralement repoussées par le gros bétail, donnent un mauvais goût au beurre et empêchent sa prise; dans les *personées* (*personatæ*), la *scrophulaire* (*scrofularia*), et la *linaire* (*linaria*) doivent être détruites dans les terres sèches où elles abondent sans fin : les *solanées* en vert sont assez souvent vénéneuses ou indigestes, et donnent souvent au foin une odeur nauséabonde comme dans les *bouillons*, la *molène* (*verbascum nigrum*, ou *album*) qu'heureusement le bétail ne touche jamais, la *douce amère* (*solanum dulcamara*) dont la propagation est rapide ; les *jusquiames*

2 *

(*hyociami*), la *dature* ou *pomme épineuse* (*datura stramonium*), la *mandragore* (*mandragora*), la *belladone* (*atropa*) seraient très-nuisibles aux animaux, si poussés par la faim ils y touchaient.

Dans les *borraginées* ou *bourraches*, il faut aussi rejeter comme malfaisantes, la *vipérine* (*echium*) et la *consoude* (*symphytum*) : il en est de même de la *noix vomique* (*strychus*) de la famille des *apocins*.

On doit surtout détruire, si on le peut, dans les prairies naturelles et surtout dans les prairies artificielles un *liseron* connu sous le nom de CUSCUTE (*cuscuta*). C'est principalement dans les dernières et spécialement dans les trèfles qu'elle fait quelquefois d'affreux ravages. Malheureusement, malgré mes soins, je ne puis donner un antidote certain contre sa multiplication. Ce liseron est une plante grimpante et tout à fait parasite qui naît dans la terre et meurt, si elle n'en rencontre une autre à laquelle elle s'attache par les griffes dont ses bourgeons sont armés, qui s'implantant dans la tige de sa victime, l'entoure, la surpasse, l'étouffe et meurt avec elle, mais non sans rejeter ailleurs ses étreintes qui produisent le même effet. Aussi la cuscute produit-elle des dévastations de forme circulaire qui changent la partie attaquée en un matelas infertile et souvent très-épais. J'ai arraché la cuscute, j'ai pelleversé le cercle de ses dévastations en emportant la terre hors du champ, je l'ai saupoudré de chaux vive ; mais avec toutes ces précautions, il paraît que je n'ai pas toujours

réussi à neutraliser tous les éléments de destruction, car le dommage a reparu. Cependant on
aurait tort de s'effrayer, lorsque la prairie doit
être bientôt rompue ; car cette plante ou ses détritus, au lieu de nuire au sol, l'engraissent :
et dans les prairies naturelles qui ne se coupent
qu'une fois, et avec nos étés ardents, il est rare
que ses ravages s'étendent au delà d'une année
et soient même jamais très-graves.

On sait que toute la famille des *bruyères* (*ericæ*)
est déplacée dans les prairies.

Les *ombellifères* (*umbelliferæ*), lorsqu'elles
croissent dans un terrain humide, sont toujours
inutiles et trop souvent dangereuses, ne font pas
de vrai foin ou en font un mauvais. Les espèces
vénéneuses sont les *myrrhes* ou *cerfeuils*, (*chœro-
phyllum*), les *berles* (*sium*), les *ciguës* (*cicutæ*),
la *ciguë aquatique* (*phellandrum*) : les espèces
inutiles, et que les animaux dédaignent, sont les
œnantes, les *sisons*, les *percefeuilles* (*buplevrum*),
les *panicault* (*eryngium*),

La *joubarbe vermiculaire* (*sedum acre*), et les
euphorbes (*euphorbiæ*), gâtent le foin et sont
malsaines : les *ronces* déshonorent les prairies ;
les *mauves* (*malvæ*), les *guimauves* (*altheæ*), les
millepertuis (*hyperici*), sont au moins inutiles.

Enfin, la famille des *renonculacées* présente
comme herbes inutiles, surtout fâcheuses, âcres,
et produisant de très-mauvais foin, les *renoncules*
(*renonculæ*), les *anémones* (*pulsatillæ*), les
adonides (*adonis*), les *aconits* (*aconitis*), qui sont
très-malfaisants ; les *chrystophorianes* ou *actées*
(*acceæ*).

Il n'est pas sans exemple qu'on ait détruit les mousses quand elles ont envahi une prairie, en déchirant le sol avec une herse, et en répandant du sable de terre sur la surface. Au reste, des fauchages prématurés tendent aussi à la destruction des plantes nuisibles, qu'il faut empêcher de s'égrener. Des fauchages particuliers, surtout par les grandes chaleurs, peuvent aussi y contribuer. Si, après que la terre est égouttée, il reste encore des dispositions tourbeuses ou *aigres*, comme on le dit, des amendements calcaires et alcalins, comme la chaux, les cendres, les corrigent et augmentent la fertilité. Un pâturage suivi est encore un moyen simple et efficace. Lorsque la prairie est fatiguée et infestée de mauvaises végétations, il faut en venir à la scarification de la prairie par des labours croisés et superficiels, suivis d'un hersage qui l'ameublisse et la nivelle; et enfin, quand les localités le permettent, un défrichement précédé, s'il se peut, d'un écobuage, et suivi de quelques récoltes de céréales, est un moyen assuré de revenir à une bonne production de foin.

Je n'entrerai pas dans plus de détails à ce sujet; l'expérience indique suffisamment au cultivateur ce qu'il a à faire.

Les terres converties en prairies admettent particulièrement les plantations, qui ne nuisent pas à la récolte et au contraire favorisent la reproduction de l'herbe, abritent les bestiaux lors du pâturage, accroissent le revenu et embellissent la propriété. Sur ce point, on peut consulter mon *Instruction pratique sur la culture forestière.*

ARTICLE V.

Du pâturage dans les prairies naturelles.

Le pâturage dans les prairies naturelles a
par lui-même des avantages; il peut aussi avoir
des inconvénients. Comme c'est un point très-im-
portant dans la culture et l'économie pastorales ;
je crois que, sans s'arrêter aux usages, si res-
pectables d'ailleurs, puisqu'ils sont l'effet d'une
expérience constante , quoiqu'elle ne soit pas
toujours raisonnée ; un cultivateur instruit doit
mettre à prolit sa connaissance du sol et des effets qui dérivent du pâturage , afin de se fixer
théoriquement sur l'état d'une question que la pratique l'aidera à résoudre.

Il est incontestable qu'en tout temps , hors pour
les animaux de travail , et seulement lorsqu'ils sont
sérieusement occupés, la nourriture fraîche, l'herbe
verte, est la meilleure nourriture , celle qui élève
le mieux les jeunes bêtes , celle qui donne le plus
de lait aux mères , celle même qui , au fond , engraisse le mieux : il n'y a donc pas à douter que ,
pour les bestiaux, le pâturage ne soit très-avantageux, avec les précautions nécessaires pour que
la dépaissance des légumineuses n'occasionne pas
des indigestions et des tympanites. Il n'y a donc
à s'occuper que de l'effet de la dépaissance sur les
prairies en elles-mêmes. Je ne m'occupe ici que
des prairies naturelles ; la dépaissance des prairies
artificielles sera l'objet, en son lieu, de considérations particulières.

En général, les herbes vivaces, et spécialement

les graminées, supportent avec avantage d'être coupées plusieurs fois. La tonte régulière, causée par le pâturage, ne peut donc leur nuire. Cependant quelques plantes de celles qui s'élèvent davantage, souffrent d'être habituellement pâturées; plus le pâturage se prolonge, plus l'herbe s'épaissit, mais aussi plus sa hauteur diminue. Plusieurs personnes, il est vrai, ont observé que l'herbe repoussée, et qui sèche sur pied, forme une fumure naturelle qui enrichit le sol. Mais cette amélioration est-elle aussi avantageuse que l'alimentation que l'herbe donne aux bestiaux ? C'est ce que je craindrais d'affirmer. Donc je crois qu'on ne peut révoquer en doute les avantages du pâturage.

Doit-on faire pâturer les prés une ou deux fois dans l'année; au printemps, ou au printemps et à l'automne ? Il faut pour cela prendre en considération la nature du sol et celle du climat. Dans nos terres argileuses et sous notre latitude, les herbes poussent de bonne heure, et le piétinement des bestiaux affecte d'une manière fâcheuse une terre prédisposée à un tassement qui retarde la pousse, principalement les herbes délicates, et nuit à la première végétation de toutes les espèces. Lorsque la terre est humide, le sol abreuvé, il faut défendre le pâturage, et au moins toujours après le 15 mars. Ainsi, il ne peut jamais être considéré comme une ressource, si ce n'est pour les moutons; et comme l'éducation de l'espèce ovine peut rarement ici être le sujet de nos spéculations, nous pouvons dire, en général, que le premier pâturage ne nous convient pas. Pour le second, après la f enaison on peut y conduire les bêtes à cornes, en ayant toujours soin de ne pas les laisser entrer dans la prairie dès qu'elle est humectée ; et ne les y souffrant jamais dès que les pluies de l'automne ont détrempé le sol. Alors on pourrait, sans inconvénient, y remettre quelque temps les moutons ; mais l'herbe devenant plus forte et plus grasse, est aussi plus propre à leur donner la pourriture. De toutes ces observations, nous conclurons que, dès que les pluies ont abreuvé et ramolli le sol des prairies, on ne doit point y conduire les bêtes à cornes, et peu de temps les bêtes à laine ; que, vers novembre, la prairie doit être fermée, et que le pâturage ne doit commencer qu'après l'enlèvement du foin.

ARTICLE VI.

De l'irrigation.

Les prairies *arrosées* sont les plus productives, surtout dans un climat aussi chaud que le nôtre ; mais il n'est pas commun de trouver dans notre sol des terres susceptibles d'irrigation ; on peut même dire que nous n'en avons pas. Cependant, dans quelques localités, il est possible que le perdant de quelque fontaine ou de quelque mare, puisse en cas de pluie d'orage, fournir accidentellement un arrosage temporaire. Quelque précaire, quelque rare que soit cet avantage, il est trop précieux pour le négliger. Pour en profiter autant qu'il se peut, il est utile de pratiquer des réservoirs artificiels. Je ne puis que renvoyer les lecteurs au chapitre du Manuel de M. le comte de Villeneuve, relatif à ces réservoirs. Cette méthode, bien analogue à notre situation géologique, me paraît suffisamment parfaite pour nous. Lorsque le réservoir peut se vider, un homme de l'établissement, chargé de ce soin, doit surveiller les petites tranchées d'arrosement, la pluie même ne doit pas l'arrêter, et on lui fournira à cet effet une *cape* de toile imperméable, qui lui permette de sortir et de s'acquitter de cet office.

ARTICLE VII.

Du fauchage et du fanage.

Je ne parlerai pas de l'opération mécanique du fauchage, elle est assez connue, ainsi que l'instrument que l'on emploie. Mais il est commun de ne pas saisir avec précision le moment favorable pour cette opération. En général, on fauche ordinairement trop tard; il faudrait toujours ne pas attendre que l'herbe fût très-mûre; le foin, s'il est dans ce cas plus nourrissant, est plus dur et moins parfumé. Mais quand on a beaucoup de prairies à faucher, il est presque impossible de pouvoir saisir le moment opportun, surtout lorsqu'on a aussi beaucoup de prairies artificielles, qui sont mûres les premières. Personnellement, il est bien rare que je puisse tout réussir. Même il est trop ordinaire que mes premières prairies, quoique coupées hâtivement, ne le soient pas encore assez pour les autres, et retardent trop les prairies naturelles; c'est un inconvénient inhérent aux domaines où il y a beaucoup de fourrages, quoique pour activer cette besogne je sois forcé,

à mon grand regret, de démonter quelques-unes
de mes charrues.

Le fanage des prairies naturelles est aisé; ce
genre de fourrage n'a pas de feuilles à ménager;
sa ténuité ne le rend ni aussi sensible aux intem-
péries de la saison, ni aussi sujet à se noircir et à
fermenter. Je me trouve bien de laisser beaucoup
sécher les andains; je ne les retourne que la veille
du jour auquel j'ai fixé le chargement; et ordinairement cette opération se fait bien, d'autant
qu'ainsi les pluies, qui n'arrivent que trop fréquemment, font beaucoup moins de mal. Je crois
devoir recommander de ne pas trop charger les
voitures, et de ne pas trop élargir le chargement,
qui entre ainsi plus facilement dans les granges et
les portes cochères. C'est un défaut qui tient à la
vanité de nos paysans, et auquel il est difficile
de les faire renoncer. Il ne faut pas, dans ces
opérations, beaucoup de science, mais il faut
beaucoup de soin, d'à-propos et de surveillance.

ARTICLE VIII.

Du renouvellement des prairies naturelles.

Une opinion très-répandue parmi les auteurs
géoponiques, et appuyée tant sur la théorie que
sur une expérience assez étendue, établit comme
un moyen sûr de renouveler les prairies dégra-
dées, vieillies, infectées de mousses, de ronces
et de plantes parasites, de les rompre légèrement
avec une charrue soit simple soit à plusieurs socs,
par deux labours croisés; l'effet de cette opération est, dit-on, de renouveler la végétation, de dé-

truire beaucoup de mauvaises herbes; enfin, de
rajeunir la prairie, et de permettre, sans inconvénient, de lui donner une fumure. Cependant,
il n'est pas trop perçu par le raisonnement, que
la destruction des mauvaises herbes respecte les
bonnes, ou que le renouvellement de ces dernières ne soit pas accompagné du renouvellement
des autres; il n'y a que les mousses et les plantes
cryptogames qui souffrent plus que les autres
théoriquement. De plus, dans nos terres argileuses, un pareil effet ne peut s'obtenir sans un
grattage plus énergique; et il n'est nullement certain pour nous que ce grattage soit plus utile ou
plus nuisible aux unes qu'aux autres. Certainement
le grand profit que l'on peut procurer aux plantes,
est de réparer l'état compacte qu'une végétation
sans bouleversement du sol, ne manque pas, au
bout d'un certain nombre d'années, de produire;
et dans toute culture rationnelle, le principe des
assolements est constamment avantageux. Je crois
donc, qu'au lieu de ce moyen, le meilleur, pour
nous, serait de défricher complètement la prairie
soit par un labour à la bêche pendant l'hiver, pour
y semer du maïs; soit par des labours d'été, pour
lui faire porter du blé; et de tenir ce champ à
l'état de terre labourable pendant cinq ou six ans,
avant de revenir à la prairie. Du reste, je n'ai
point essayé moi-même la première méthode; je
l'ai vue cependant employée avec succès; mais je
ne puis formuler une opinion arrêtée, car je ne
parle ici de rien dont je n'aie fait moi-même
l'essai; et tout le mérite de ce petit ouvrage, s'il
en a un, est d'être le miroir fidèle de ce que j'ai

fait, des raisonnements qui m'ont guidé, des méthodes que j'ai suivies ; et l'on verra là ce que j'ai
obtenu et ce que tout le monde, dans de pareilles
conditions, peut obtenir comme moi, et mieux
sans doute, si l'on y apporte plus d'intelligence ;
ce qui n'est pas difficile.

CHAPITRE II.

DES PRAIRIES ARTIFICIELLES.

Les prairies artificielles sont une culture temporaire de plantes fourrageuses, semées isolément,
et destinées à être fauchées, et à être ensuite converties en terres arables. Elles sont, presque partout, une des bases des assolements. Les plantes
annuelles ont été dès longtemps en usage pour dé-
rober une récolte à l'année autrefois exclusivement consacrée au repos et à la jachère : alors on
ne les établissait que sur les meilleures terres ; c'é-
taient les vesces, le farouch, et quelquefois le
sainfoin, réduit à un an de durée, et placé sur le
plus mauvais blé, qui servaient à cet usage. Le
Nord de la France les cultivait à long terme et en
multipliait l'établissement. En m'occupant d'agriculture, c'est dans les ouvrages de Gilbert et de
Young que j'ai pris les premiers documents qui
m'ont porté à les cultiver en grand, et à augmenter le nombre de mes bestiaux, et par suite
la quantité de mes fumiers ; et c'est principalement par ce moyen que j'ai pu successivement
porter de quatre hectolitres et demi à dix et à
onze et demi la production en hectolitres d'un ar-

pent de blé par année commune. Celles que je cultive ou que j'ai cultivées, et dans la proportion du tiers environ de ma terre arable, sont les *luzernes*, les *trèfles*, les *sainfoins*, les *vesces*, *gesses*, *pois* et *ers*, le *lupin*, le *sarrasin*, la *chicorée*, la *pimprenelle*, enfin le *maïs*. Chacune d'elles mérite d'être traitée séparément.

ARTICLE PREMIER.

I. *Des Luzernes.*

Les auteurs ne tarissent pas sur les éloges qu'ils donnent à la LUZERNE (*medicago sativa*), et une expérience de plusieurs siècles a prouvé qu'il n'y avait rien d'exagéré dans ce panégyrique. La luzerne est, dans le fait, le fourrage le plus abondant qui existe ; la qualité de son foin, sans être la meilleure, est excellente, et justement préconisée. Elle dure longtemps ; sa racine éminemment vivace et essentiellement pivotante a besoin de beaucoup de fonds ; elle donne plusieurs coupes par année. Cette plante est de toutes celles que l'on destine à la nourriture des bestiaux, celle qui offre le plus grand produit ; mais elle ne peut venir partout, il lui faut une bonne terre et des conditions particulières.

Le père de notre agriculture, Olivier de Serres ; autorité d'autant plus respectable pour nous, que lui aussi a parlé spécialement pour le Midi de la France ; qui l'appelle *sainfoin*, terme impropre, mais qui justifie nos cultivateurs qui l'emploient encore ; dit que cette plante *exquise et du plus grand rapport* est une des *merveilles de notre agriculture*. Gilbert que l'on peut en général consulter avec confiance sur la théorie et même la pratique des prairies artificielles, après en avoir fait le même éloge, la déclare très-difficile sur le choix du terrain : « Non-seulement, » *dit-il*, la luzerne ne vient pas sur tous les sols, » mais ceux qui lui conviennent le mieux ne sont » nulle part les plus communs. Les terrains lé- » gers et substantiels, ni trop secs, ni trop hu- » mides, d'une température moyenne, dont les » molécules ont entr'elles peu d'agrégation, qui, » conséquemment, sont faciles à diviser ; une » couche végétale profonde portant sur un lit » assez ferme pour retenir les principes fertili- » sants, et pourtant assez perméable pour laisser » échapper l'eau superflue ; voilà les caractères » généraux de la terre dans laquelle elle se plaît. » La luzerne languit et ne subsiste pas long- » temps dans les sables arides, dans les terres » froides, argileuses, où ses racines ne peu- » vent pénétrer que très-difficilement, et trou- » vent une humidité permanente qui la tue ; les » craies, les marnes, les tufs ne lui sont pas » plus favorables. Quelquefois la luzerne paraît » prospérer dans ces sortes de terrains pendant » les premières années, parce que la couche » supérieure est de bonne nature ; mais lorsque » ses racines sont parvenues à la mauvaise terre, « elle dépérit avec rapidité. »

Cet anathème, prononcé par un cultivateur aussi instruit et dont les préceptes m'ont toujours paru si exacts, m'avaient, je l'avoue, effrayé dès le commencement : de plus, l'expérience

m'avait déjà appris que l'amélioration du sol
produite par la luzerne était bien au-dessous de
celle que le sainfoin ou le trèfle pouvait produire ; sa longévité était encore un obstacle à
mes yeux pour être la base d'un assolement ré-
gulier. J'en essayai néanmoins quelques carrés
dans mes meilleures terres , et l'effet ne m'en-
couragea pas , tant pour la durée , que pour le
rapport. Cependant , quoique l'usage du pays
soit de consacrer à la luzerne les meilleures terres
de la plaine si célèbre du canal, ce qui m'avait
effrayé, n'en ayant point de la même nature ,
puisque c'est un sol éminemment limoneux ; je
ne tardai pas à me convaincre que le peu de
durée de cette plante dans beaucoup de localités ,
venait des eaux stagnantes qu'elle rencontrait
dans sa végétation. J'avais un champ isolé sous
mes yeux , dans la direction du nord , où je
n'avais jamais aperçu de l'humidité inférieure ,
mais qui n'était pas cependant , et il s'en fallait
beaucoup , de première qualité. Ce champ avait
été amendé ; il était complanté en maïs ; il me
parut pour le moment le plus apte à cette culture ;
aussi je hasardai de semer de la luzerne sur le
maïs sur pied , en l'enterrant légèrement au râteau , espérant peu de cet essai. Le résultat a été
au-dessus de mes espérances. Je n'ai , il est vrai ,
obtenu que deux ou trois coupes par année ; la
luzerne ne s'est pas élevée à plus de deux pieds
ou quelquefois trente pouces , mais elle a été
fructueuse ; et aujourd'hui , après douze ans , elle
existe encore , quoique affaiblie et surmontée par
la végétation des graminées ; mais j'ai appris

qu'une terre qui a du fond , quoique le sous-
sol soit un peu argileux , pouvait produire de la
luzerne , pourvu qu'il n'y eût pas de sourcille-
ment d'eau ; ailleurs j'ai vu qu'une terre ardente ,
mais où l'eau des toits penche , peut donner cinq
coupes et quatre habituellement , quoique le
sous-sol soit un peu calcaire ; enfin , je me suis
assuré qu'il fallait rabattre quelque chose des
prescriptions sévères de Gilbert. J'avais dans
mon parc une pièce de terre tournée au nord ,
mais abreuvée de ce que nous appelons des *naissants d'eau* , et cependant de nature sèche et un
peu forte et argileuse , d'une qualité médiocre.
Il convenait que cette terre formât un gazon ,
mais on sait combien dans ce pays il est difficile ,
dans une situation si peu favorable , de créer
une prairie dans un lieu sec. Je pensai que si la
luzerne pouvait couvrir cet emplacement , mon
but serait rempli. Je creusai à l'extrémité inférieure du champ , un bassin qui pût soutirer
toute l'eau qui abreuvait le sol , je fis labourer
profondément et à plusieurs reprises , j'amendai ,
je portai des engrais ; enfin , au mois de mai 1839 ,
je semai de la luzerne avec le plus grand soin et je
nivelai la terre en conservant les mouvements
nécessaires et les ondulations que la situation exi-
geait. Une sécheresse extraordinaire et inaccou-
tumée me fit craindre d'avoir manqué mon semis ; rien ne parut de toute l'année , mais aux
pluies de l'hiver qui ne furent pas durables , la
luzerne oubliée parut , et le bassin se remplit
d'eau , ce qui me prouva qu'il fallait qu'il y en
eût beaucoup dans le sol. Enfin , la luzerne quoi-

que claire, donna, dans les deux arpents qu'elle occupait, cinq charretées de première coupe en 1850 ; la seconde fut de quatre charretées, la troisième d'une et demie, malgré la sécheresse persistante. Dès lors, pour moi le problème fut résolu. Je vis que malgré la sécheresse, la luzerne pouvait produire sur nos terres médiocres trois coupes ; que les fonds reposant sur une argile modérément forte pouvaient produire cette plante, pourvu qu'ils eussent de la profondeur, et qu'ils fussent bien amendés et surtout bien purgés d'eaux stagnantes.

Je suis entré dans ces détails qui paraissent déplacés, pour démontrer comment, après vingt ans d'essais infructueux, j'ai pu me fixer sur l'aptitude de nos terres fortes à porter de la luzerne dans des conditions défavorables, et qui avaient porté tous les cultivateurs du pays à décider qu'elle ne pourrait pas prospérer. J'ai donc réussi, malgré tous les pronostics, à prouver que dans mon plateau de Mauremont, sec quoique noyé en dessous, argileux et peu fertile, je pouvais former des gazons élevés, comme j'étais parvenu à y créer des bosquets bien venants, bien ombrageux et bien frais. Ces deux réussites, et plusieurs autres, m'ont fait penser que mon passage sur la terre n'aura pas été infructueux, que j'aurai été utile à mon pays, et que ma mémoire n'y sera pas perdue.

Il m'est donc prouvé que dans nos terres généralement fortes et de médiocre qualité, reposant, soit sur l'argile, soit sur le calcaire, c'est la première nature que l'on doit préférer pour

la luzerne ; et elles sont ordinairement en haute
plaine , ou en coteau tourné soit vers le nord ,
soit vers l'ouest. Plus on défonce la terre , plus
on a d'espoir de réussir , puisqu'on facilite ainsi
la végétation de la racine pivotante que j'ai eu
occasion d'observer jusques à huit pieds de profondeur. C'est à cet incroyable développement ,
qui sans doute n'est pas commun , que l'on doit la
résistance à la sécheresse , et la grande impres-
sion que cette racine reçoit du contact de l'eau
quand elle en trouve. Il est donc indispensable
d'égoutter le sol à une grande profondeur , et de
l'ameublir avec soin. Des fossés nombreux et
bien dirigés , des écouloirs , des bassins de dessé-
chement pourvoiront au premier besoin ; des
labours bien profonds , des sillons élevés et qui
disposent les terres à recevoir la bienfaisante
action des gelées , des défoncements de douze à
vingt pouces pourvoiront au second. Des amendements bien entendus , surtout du fumier , don-
neront à la terre la force végétative qui lui est
nécessaire. Je crois qu'il faudrait diviser la fumure en deux époques : après avoir fortement
labouré la terre avant l'hiver , on pourrait y
porter du fumier long qui contribuerait à la
diviser encore pendant la mauvaise saison. Au
printemps , quand la terre serait ressuyée , on la
labourerait de nouveau , et on y porterait du
fumier consommé qu'on recouvrirait de suite.
Ainsi il faudrait quatre labours , dont les deux
premiers seraient avec un grand avantage rem-
placés par un défoncement à la bêche , de la même
manière que l'on procède pour les pépinières.

On porterait avant l'hiver vingt charretées de fumier par arpent et douze au printemps. A cette époque il faudrait herser la terre deux fois en temps utile, et vers le mois d'avril, où tout serait terminé, on laisserait la terre se reposer jusques au mois de mai : quand il n'y a plus de gelées à craindre, on herserait une troisième fois et de manière à aplanir parfaitement la surface ; on sèmerait la luzerne à raison de vingt livres de graine par arpent, on la couvrirait légèrement avec le râteau, et on attendrait la germination de la plante qui aurait lieu sans aucun doute, si quelques pluies chaudes venaient à propos ; une forte sécheresse l'empêcherait de lever, mais je sais par expérience que si le défaut d'humidité l'empêchait de paraître, ce serait un retard, mais non une perte absolue.

Jamais, et dans aucun cas, on ne doit laisser dépaître la luzerne ; cette dépaissance nuit encore plus à cette plante qu'aux autres prairies artificielles, et n'est pas sans danger pour les animaux. Pour chaque coupe on jettera sur la prairie un hectolitre ou deux à trois quintaux par arpent de plâtre cuit et tamisé, comme celui que l'on emploie pour bâtir. Il faut faucher la luzerne avant sa floraison, aussitôt que les têtes terminales sont formées. Son fanage offre autant de difficultés que celui du trèfle ; comme pour celui-ci, je préfère en faire des meules à mesure qu'on la coupe. La fermentation que tout fourrage, et spécialement les légumineuses, doit subir, a lieu ainsi en plein champ. Il ne faut pas s'étonner si la masse s'échauffe même extraordinairement ;

laissez la meule intacte, cet échauffement passera, et lorsque le foin vous paraîtra sec, vous ne ferez que l'éparpiller et le charger au bout de quelques heures. Le fourrage aura conservé sa couleur et ses feuilles, et il aura acquis un parfum agréable. Au reste, l'opération de la fermentation est longue ; je l'ai vue durer huit jours ; mais ni la pluie ni le soleil ne l'empêchent de s'effectuer : il faut savoir attendre, et la couche supérieure de la meule peut seule jaunir en séchant trop rapidement, mais elle-même conserve ses feuilles, et il n'y a plus aucun accident à craindre dans le fenil. Une longue expérience m'a fait préférer ce moyen. Il est lent, mais il n'exige aucun travail intermédiaire et ne donne aucune sollicitude.

Ainsi traitée, la luzerne pourra durer quinze à vingt ans ; elle donnera chaque année de trois à quatre coupes ; et l'arpent produira au moins cent quintaux de fourrage sec : si on veut le faire consommer en vert, il faut le couper au moins vingt-quatre heures avant de le donner aux bestiaux, auxquels il donne trop souvent des météorisations et des indigestions dangereuses.

Plusieurs personnes sèment avec la luzerne, du blé, de l'avoine ou de l'orge. Quoique ce mélange protége la jeune plante contre la sécheresse, j'aime mieux semer seule celle-ci. Ce n'est du reste que la troisième année que la luzerne a toute sa force et est en plein rapport ; ce n'est qu'à cette époque que l'on doit en faucher pour graine, et la traiter sous ce rapport comme le trèfle. Il faut préférer la seconde coupe : la semence est encore plus difficile à égrener que celle du trèfle, mais on doit procéder de la même manière.

Le défrichement des luzernes se fait comme celui des autres prairies artificielles : mais quoique, comme elles, cette dernière améliore certainement le fonds, cette amélioration n'est en rapport ni avec la pivoticité de la plante, ni avec le temps considérable qu'elle subsiste, ni la quantité de détritus qu'elle laisse après elle. Il est probable que l'excès de sa végétation emporte plus de substance du sol que les autres fourrages.

Lorsqu'il est possible d'arroser les luzernières, le produit en est bien plus considérable. J'ai dans mon parterre un gazon composé de luzerne. Elle était encore en rapport, quand j'eus l'idée de la remplacer par du ray-grass. Je défrichai la luzerne, j'en fis avec soin enlever les racines que j'emportai ; et après avoir terré et fumé le sol, j'espérais avoir un beau gazon, parce que ce tapis recevait les eaux des toits, quoiqu'il ne fût composé que de décombres, de terres calcaires et salpêtreuses. La luzerne reparut avec le ray-grass, étouffa celui-ci, et je pris le parti d'attendre qu'elle se fût fatiguée d'occuper la place. Elle m'a donné toujours quatre et quelquefois cinq coupes ; mais depuis deux ans elle paraît se fatiguer de son séjour, les herbes étrangères la remplacent, cependant le peu qui reste est encore beau de végétation : il y a quinze ans qu'elle s'est reproduite malgré ma volonté, et je m'attends encore qu'elle durera plus longtemps.

Les autres espèces de luzerne sont :

1.º La luzerne arborescente , *luzerne en arbre* (*medicago arborea*), qui est maintenant reconnue pour être le fameux *cytise* des anciens , dont Pline , Columelle , Varron et Virgile font tant l'éloge. C'est un arbuste dont les feuilles et les bourgeons sont un excellent fourrage ; on la cultive comme la précédente , on la sème ou on la plante de bouture ; elle résiste au froid et conserve sa végétation pendant l'hiver : elle fleurit presque tout l'été ; on coupe ses rameaux avec une faux ou des ciseaux , et elle peut servir de prairie permanente.

2.º La luzerne lupuline (*medicago lupulina*), dite aussi *minette dorée*, a une petite tige grêle, des feuilles qui ont de l'analogie avec celles du trèfle, des gousses très-brunes ; aussi l'appelle-t-on , en plusieurs lieux , *trèfle jaune, trèfle noir*. La lupuline est bisannuelle ; mais elle se renouvelle aisément de ses semences , et, coupée avant sa maturité, elle peut durer plusieurs années : elle réussit dans les terrains secs , calcaires, et de médiocre qualité ; son foin est peu abondant , il est vrai , mais d'excellente nature, fin et parfumé ; elle supporte très-bien la dépaissance ; aussi je l'emploie habituellement pour renforcer les prairies naturelles ; et , dès la première année , elle domine et se reproduit chaque année plus ou moins abondamment. Elle vient partout ; mais comme fourrage artificiel , et employée seule , je n'en ai pas éprouvé de grands avantages. Cette plante substantielle n'occasionne pas cependant la tympanite autant que ses congénères ; mais il faut la ménager aux chevaux menacés de la pousse. Mêlée avec les autres, et les graminées surtout, elle ne fait qu'augmenter la qualité du foin; elle souffre la dépaissance, et elle est surtout favorable à celle des moutons. J'en mets, en semant les prés, de 6 à 8 livres par arpent; isolée, j'en répands 15 à 20 livres. Elle se cultive et se fane comme le trèfle. Je n'ai jamais observé qu'elle donnât plus d'une coupe par an; mais elle reverdit; et je ne l'ai d'ailleurs cultivée que dans les champs destinés au sainfoin, dans les parties même que je trouvais trop inférieures pour ce dernier, et dans des terres rougies par l'oxide martial. Dans une semblable position, je n'en ai jamais retiré plus de 20 quintaux par arpent.

3.º La LUZERNE RUSTIQUE (*medicago media*), qui croît naturellement en France et souvent s'élève à quatre pieds de haut, est très-inférieure à la luzerne commune et ne se cultive point.

4.º La LUZERNE FAUCILLE (*M. falcata*); elle est aussi dans le même cas.

ARTICLE II.

Du Trèfle.

Ce que nous appelons exclusivement TRÈFLE, est la plante qui, dans divers lieux, est connue sous les noms de *grand trèfle de Hollande*, *trèfle de Piémont*, *trèfle d'Espagne*, *trèfle des prés*, *trèfle rose*, (*Trifolium pratense*). Le *grand trèfle normand*, le *trèfle d'Argovie*, n'en sont aussi que des variétés. C'est, dans le Nord, le principal fourrage de la famille des légumineuses, le premier fourrage artificiel : dans nos terres, il n'est qu'au second rang ; la fraîcheur lui manque ; il donne beaucoup moins ; mais peut-être , s'il est bien fané , ce qui est difficile partout, a-t-il encore plus de qualité que dans les climats septentrionaux. Il ameublit, amende et engraisse la terre ; il dure moins qu'ailleurs, et ordinairement deux ans. La première année, au lieu de permettre de trois à cinq coupes, il faut un peu de pluie pour en avoir deux ; la seconde année , il faut se contenter d'une seule : car, après la seconde, si même elle réussissait, on ne pourrait convenablement préparer la terre pour recevoir la semence du blé. Cependant j'ai essayé de rompre la prairie après la seconde coupe de la seconde année, et sur ce défrichement, de semer immédiatement le blé qui a bien prospéré. J'ai même tenté une fois, comme dans l'Alsace, de semer le blé sur la prairie elle-même , et de le couvrir en la rompant ; cela m'a réussi : mais il faut des circonstances rares , et on ne peut, en règle générale, dans nos climats, laisser le trèfle durer que deux ans , en le coupant deux fois la première , et le défrichant après la seconde année ou la troisième coupe de sa végétation qu'il faut faire dans le temps et avec les précautions que j'ai indiquées, et presque toujours on a une bonne et très-bonne récolte.

Quand on emploie le trèfle en grand, on peut le semer sur les blés aux mois de février et mars ; je préfère ne le faire qu'à l'automne suivante avec une semence d'avoine , avec laquelle il réussit bien. Je fais cette opération à la fin de septembre ou au commencement d'octobre ; quelquefois, et si l'hiver est sec, le trèfle lève mal; mais il en est, dans nos terres argileuses, des plantes comme des arbres, il faut de la patience et savoir attendre. Souvent un fourrage qui n'a pas l'air d'avoir levé, paraît plus tard. Mais lorsque cela est possible, à cause de la quantité, il faudrait toujours passer un râteau ou un fagot d'épines sur tout fourrage semé sur le blé en vert, en même temps que le blé, ou seul. J'avoue que je ne le fais pas toujours; ce qui évidemment rend la naissance incomplète ou irrégulière; mais quand le fourrage est semé avec une céréale, rien n'empêche et tout engage à recouvrir le tout d'un léger coup de herse qui unit le champ et rend ainsi le passage de la faux plus aisé. Dix-huit à vingt livres de semence épurée ou cinq à six hectolitres de graine en silique, doivent suffire pour un arpent. M. de Dombasle, dont la savante expérience mérite toute notre attention, plâtre le trèfle semé à l'automne; ce qui doit aider à le faire lever et garantit du froid la jeune plante.

C'est, en effet, le fourrage auquel l'engrais du plâtre est le plus essentiel; on le jette au commencement du printemps. Après de nombreux essais, je me suis réduit à deux quintaux ou un hectolitre de plâtre cuit, tamisé et propre à bâtir. Pour chaque coupe, je réitère ordinairement cette opération si la saison n'est pas trop sèche. Mais, dans tous les cas, un jour de pluie fait agir le plâtre et répare la brûlure que l'ardeur de la sécheresse a pu faire craindre. Le produit du trèfle peut être évalué, en terme moyen, à trois charretées par arpent pour la première coupe de la première année, une et demie pour la seconde, deux pour la première de la seconde année. Si dès l'année de la semence on peut avoir une coupe de trèfle, c'est, en général, aux dépens des coupes postérieures. Comme tous les fourrages légumineux, et même bien plus que les autres, celui-ci offre beaucoup de difficultés dans la fanaison ; pour obtenir une dessiccation parfaite, lui conserver la majeure partie de ses feuilles, qui sont la partie la plus essentielle et la plus nourrissante, pour obtenir des tiges moins dures et un foin de bonne odeur et de belle couleur. Il n'est pas surtout aisé de conserver à ce foin sec la couleur verte, et je n'ai trouvé ici d'autre moyen que de mettre en meule le produit de la coupe, même tout frais, et de ne pas le laisser en andains. Là s'opèrent toutes les phases de la fermentation qu'il faut qu'il subisse, soit sur le champ, soit dans le fenil. L'échauffement est quelquefois tel qu'on ne peut y tenir la main ; mais dans ce cas, il n'a lieu à la fois que sur une partie de la meule, quoiqu'il doive ensuite s'étendre au reste. Les meules peuvent être faites de manière à contenir depuis vingt-cinq livres jusqu'à un quintal. Une fois faites, et quelque temps qu'il fasse, on ne doit point y toucher. Je les ai vues demeurer jusqu'à huit ou dix jours : cela dépend absolument de l'état de l'atmosphère. Lorsque l'échauffement a cessé, lorsque la fraîcheur a reparu et que la dessiccation a eu lieu, il faut détruire les meules, les étendre, les charger sur-le-champ et les engranger. On peut croire que le poids diminue des deux tiers ; il diminue encore dans l'emmagasinement ;

3 *

mais désormais tous les effets désastreux ou délétères sont évités, et on peut compter sur un quart de foin sec, vert et bien parfumé. Ce foin peut se conserver plus d'une année; il ne météorise pas les animaux, et les tient dans un état d'embonpoint très-satisfaisant. Je sais que cette méthode est longue; que déjà, quand on charge les meules, il peut arriver que le reste de la prairie a repoussé; aussi ce n'est qu'alors que je répands le plâtre pour la seconde fois. Lorsque je dois défricher la tréflière, je fais les meules en ligne, et si je suis libre de mes attelages, je commence la rupture de la prairie : cela se fait mieux quand la fraîcheur existe encore, et je n'ai plus qu'à donner les labours subséquents, qui se font toujours alors avec facilité. Mon principe est de ne faire que gratter la terre dans le premier travail; je trouve bien suffisant de l'égratigner à trois pouces d'entrure et souvent moins; mais cette croûte une fois rompue, le gazon une fois morcelé, pour peu qu'il advienne une petite pluie, je puis faire entrer ma charrue à huit pouces, et quelquefois avant de semer je puis en atteindre dix à douze. Du reste, il vaut beaucoup mieux, pour la prospérité du blé futur, de ne pas aller aussi profondément.

Le trèfle se marie très-bien avec mon assolement de neuf ans; et si l'effet améliorant qu'il opère, est moindre que celui de l'esparcette, il est encore très-remarquable et très-fructueux. Je consacre au trèfle mes terres fortes, appelées ici *boulbènes*, tournées au nord, et dont le sous-sol est plutôt de l'argile que du calcaire. J'en mets aussi dans ce que nous appelons *boulbènes froides* et humides qui se durcissent à la sécheresse, et dans lesquelles l'argile est en partie remplacée par la glaise. Comme il faut toujours tendre à fabriquer de bon foin, j'aime à couper les trèfles de bonne heure. Ayant quatre-vingts arpents de fourrage à faucher, et n'ayant pas beaucoup de bras disponibles; je crois qu'il ne faut pas attendre que la prairie soit en pleine fleur : dès que le quart des fleurs paraît, il vaut mieux commencer; la fleur sera passée lorsqu'on arrivera aux dernières prairies.

Il me paraît préférable de consacrer la seconde coupe de la première année à la récolte de la graine. M. de Villeneuve a très-bien résumé dans son Manuel les différentes méthodes; la plus parfaite est sa râpe, la plus vulgaire est le battage sur l'aire du fourrage fauché, lorsque la silique est brune : il est vrai que la graine n'est pas aussi nette et aussi vendable, mais aussi on n'a que les semences bien aoûtées, et les autres qui restent dans le fourrage améliorent beaucoup la qualité de ce dernier. Moi, qui n'en fais que pour ma provision, et qui le sème en siliques, je m'épargne tous ces embarras, suivant ma méthode invariable, qui est de simplifier toutes les opérations. On assure que chaque arpent peut donner de 150 à 300 livres de graine bien épurée. Il y a des personnes qui prescrivent trente livres de semence ou dix sacs de graine en siliques. En général, pour le trèfle comme pour toutes les plantes fourrageuses, il vaut mieux pécher par le plus que par le moins.

On parle beaucoup du *trèfle d'Argovie* ou *trèfle*

perpétuel, variété du trèfle de Hollande, que l'on appelle ainsi parce qu'il dure quatre ou cinq ans, et est plus précoce de quinze jours. Je crois qu'il faut se méfier de ces éloges qui ne sont mérités qu'exceptionnellement ; j'en dirai autant du *trèfle normand*, autre variété que l'on assure être plus forte et plus tardive.

Mais il y a trois autres espèces de trèfle qui, ayant des qualités particulières, ont toujours celle de réussir dans nos terres. Ces espèces sont :

1.º Le FAROUCH, *trèfle incarnat*, *trèfle de Roussillon*, *lupinelle* (*trifolium incarnatum*), est la plus médiocre des plantes de cette famille pour la qualité du fourrage sec. Il est annuel, ce qui le fait entrer avec facilité dans tous les assolemens ; il est ici assez difficile sur la nature du terrain, et réussit mieux sur les terres fortes et fraîches, que sur les terres calcaires et graveleuses. Plus le fonds est riche en humus, plus il est frais sans être aquatique, et plus la végétation du farouch est assurée : aussi s'élève-t-il tantôt à six pouces, tantôt à dix-huit : j'en ai eu de trois pieds de haut. C'est le plus précoce des fourrages légumineux ; il précède au moins de quinze à vingt jours la première coupe de luzerne, et je l'ai vu pouvoir être consommé près d'un mois avant tout autre fourrage. Sa production est d'une quantité très-variable ; je l'ai vu aller d'une demi-charretée à quatre charretées par arpent ; mais seulement en vert, car ce fourrage, très-bon de cette manière, est bien peu de chose en sec ; la dessiccation en est toujours incomplète, la réduction très-considérable, et la production de la graine fort hasardeuse.

De tout ce que je viens de dire, il résulte que le farouch est un excellent fourrage en vert et très-médiocre en sec; que son principal avantage est de fournir de bonne heure de la nourriture fraîche; et que par conséquent il est utile, sans mériter toute l'attention du cultivateur. Je laisse mes paysans en faire un peu chaque année, mais je ne le comprends pas dans mon système d'assolements. On peut le semer sur un seul labour, dès que l'avoine ou l'orge ont été enlevés : ici, nous le faisons, en général, succéder au maïs, et nous répandons la graine lorsque ce dernier a reçu son buttage ou son dernier sarclage. Si l'année est humide, il lève promptement; alors il peut fournir du fourrage en automne; mais, dans ce cas, quoiqu'il puisse repousser, il est rare que les gelées permettent d'en tirer une seconde récolte. Au printemps, dès qu'il a été fauché, on le rompt et on prépare assez bien la terre pour le blé, mais quelquefois celui-ci s'*échaude*. En général le farouch n'est pas une récolte jachère qui améliore le sol. Je préfère le semer dans le courant de septembre, au moyen de quatre à cinq hectolitres de graine en gousse par arpent, ou quinze livres environ de graine mondée; mais, dans ce cas, il est prudent de la recouvrir légèrement. M. de Villeneuve le met au rang des cultures épuisantes; mais je ne pense pas que cet effet soit jamais bien remarquable.

Le *trèfle du nord* ou *trèfle de Molinéri* (*T. Molineri*) que j'ai essayé, n'est qu'une variété du farouch, qui n'a rien de remarquable. C'est probablement l'origine du *farouch tardif,* que beaucoup de personnes cultivent, mais qui ne me paraît pas le mériter. Sa maturité, un peu plus retardée, lui ôte, à mon gré, tout son mérite, et est bien avantageusement remplacée par la première coupe de luzerne. Communément, le farouch que nous reproduisons exclusivement de siliques, est mélangé au quart d'une graminée très-élevée, espèce de fromental qui s'élève aussi haut que lui, partage toutes les qualités de l'ivraie vivace, et est connue de nos paysans sous le nom impropre de *farouch femelle*. Au fait, le farouch est pour nous une récolte dérobée, qui est principalement propre à à une dépaissance très-précoce et fort utile sous ce rapport. Son avantage pour les jeunes cochons est très-grand, parce que cette nourriture, après l'irritation que leur a causée l'alimentation hivernale, les calme, les rafraîchit et les prépare à l'alimentation estivale.

2.° LE TRÈFLE RAMPANT, *triolet, trifolet, trèfle blanc, petit trèfle de Hollande, finhoussy* des Anglais (*T. repens*), est vivace, s'élève peu, garnit très-bien, réussit dans nos terres sèches, résiste à nos étés et au froid, et forme des pâturages excellents, mais rarement se prête à la fauchaison. C'est une plante excellente à placer surtout dans les terres humides et dans les prairies; le foin en est d'une excellente qualité, et la persistance ordinaire de sa végétation le rendrait propre dans nos climats secs à former des gazons, si ses fleurs blanches et multipliées ne lui ôtaient au printemps tout son agrément. C'est un pâturage excellent, surtout pour les moutons, auxquels il donne très-rarement la tympanite; mais seul en prairies artificielles, il est d'un mince produit. Il résiste au piétinement, aussi est-il commun dans nos chemins en terre. Sa graine est très-déliée, difficile à ramasser, et ordinairement fort chère. Il en faut au moins six livres par arpent.

3.º Le MÉLILOT, *trèfle des mouches*, *lotier jaune* (*trifolium melilotus officinalis*), est une plante qui a beaucoup trop été préconisée, mais dont cependant la culture ne s'est point extrêmement propagée. Le mélilot, de l'espèce des trèfles, est bisannuel, et vient dans les terres médiocres, sèches et même arides; il donne un foin agréable aux bestiaux, très-parfumé; mais s'élève peu, est souvent rampant, et a le grave inconvénient, comme la luzerne et le trèfle qui lui sont si supérieurs, de météoriser beaucoup les animaux. La variété *blanche* ou MÉLILOT DE SIBÉRIE est préférable. Le MÉLILOT BLEU ou *mélilot d'Allemagne*, *trèfle musqué* (*M. cœruleus*), est encore un bon fourrage, mais peu abondant, aussi bien que le TRÈFLE HOUBLON (*T. agrarium*). Ce ne peut guères être pour nous qu'une culture d'exception.

ARTICLE III.

Des Sainfoins.

Le SAINFOIN, *bourgogne*, *esparcette* ou *pelagra* (*hedysarium onobrychis*), auquel nos cultivateurs donnent, mais à tort, le nom de *luzerne*, est pour nos terres fortes, argilo-siliceuses, et surtout argilo-calcaires, la base de toute culture rationnelle et perfectionnée. La facilité de son établissement, la vigueur de sa végétation, la rapidité de sa croissance, en font pour nous un véritable trésor, le meilleur amendement pour nos terres, la plus assurée de toutes les ressources pour nos bestiaux. Il n'y a pas cent ans qu'il était comme inconnu dans nos contrées ; c'est de l'Espagne qu'il nous est arrivé, mais depuis quarante ans surtout le zèle de nos cultivateurs l'a heureusement multiplié, et j'ai la flatteuse conviction que j'ai autant contribué qu'un autre à le retirer d'un état de culture accidentelle pour en faire le pivot de la mienne. C'est le meilleur de tous les fourrages artificiels, celui dont la dessiccation est la plus aisée, celui surtout dont l'usage est le plus sain et le moins sujet à des accidents. C'est aussi celui qui laisse après lui le plus de fertilité au sol, qui le rend le plus propre à toutes les cultures, surtout celle des graminées. S'il pivote moins que la luzerne, il enfonce ses racines plus avant que tout autre ; s'il produit moins de fourrage que la luzerne et le trèfle, son fourrage est bien meilleur.

La durée du sainfoin est de quatre ans et quelquefois de cinq ; les premiers semis que j'établis en principe d'assolement furent fixés à quatre ans de durée, parce que je m'aperçus que cette plante ne pouvait pas en général supporter une plus longue existence régulière, et toutes mes terres y étaient soumises. Il venait assez bien sur mes aversens de terre un peu plus argileuses, et je me trouvai bien d'y mêler alors du trèfle. Celui-ci donnait un regain, car il faut peu compter sur celui du sainfoin, quoique j'en aie eu d'assez beaux ; mais ce ne fut que dans les commencements. Quand il me fut impossible d'en prohiber la dépaissance à mes bestiaux, il n'a jamais repoussé la même année, parce qu'ayant plus d'élèves je ne pus me priver de pâturage ; d'ailleurs nos étés sont trop secs pour pouvoir jamais compter sur cette ressource.

Je fais, vers le mois de mars, le semis du sainfoin sur le blé semé au mois d'octobre ; mais, autant que cela m'est possible, je fume ce blé, et je répands par arpent de deux à trois hectolitres de graine que dans cette plante on laisse toujours avec sa silique. Il est rare qu'elle ne lève point ; mais il est indispensable que les bestiaux n'y pénètrent pas avant sa première coupe, surtout lorsque les terres sont humides. Les sols bien engraissés et bien propres au sainfoin peuvent, dès la première année donner de trente à cinquante quintaux de fourrage sec par arpent, et la seconde de soixante à quatre-vingts : la troisième est moins forte en général, et la quatrième ne va guères qu'à trente ou quarante. C'est la première année que je coupe ordinairement pour graine, elle peut fournir huit à dix hectolitres par arpent, et comme il est difficile qu'il ne s'en égrène pas sous la faux, le fourrage s'épaissit encore. Comme la graine ne mûrit pas à la fois, on attend que la moitié de la grappe soit de couleur brune, elle se détache facilement à coups de fourche, et celle qui reste attachée à la tige rend cette paille aussi bonne que le meilleur foin, quoique rude et ligneuse. Dès que la dernière année a été fauchée, on rompt la prai-

rie avec la charrue, il est rare que ce défrichement soit facile ou complet; mais s'il survient
plus tard une pluie, le labourage se fait très-bien;
et le blé qui succède au sainfoin donne deux semences au moins de plus qu'il ne donnait aupara-
vant, et l'amélioration permet de faire ensuite plusieurs récoltes. Quand je veux semer des légumineuses, j'ai soin de ne les trop rapprocher ni du
sainfoin retourné, ni de sa semence prochaine; ainsi
je ne mets dans le champ ni vesces noires, ni farouch avant la quatrième ou cinquième année qui
suit le défrichement. Mon premier assolement
dans lequel je faisais durer le sainfoin quatre ans,
dura quatorze ans quand je l'eus terminé; comme
il me parut sensible que le sainfoin avait moins
de vigueur, je réduisis à trois ans sa durée : l'assolement est donc à peu près de neuf ans, car
l'expérience m'a convaincu qu'une distance égale
à la durée, ce qui paraît en théorie généralement
suffisant, ne l'était pas assez, et qu'il en fallait
donner le double. Ainsi le sainfoin qui dure quatre ans ne doit revenir qu'à la neuvième année;
celui qui dure trois ans, la septième année; si on
le laissait durer cinq, il ne reparaîtrait qu'à la on-
zième année. La terre soumise au sainfoin de cinq
ans occuperait ainsi $5/16^{es}$ du sol arable; le sainfoin de quatre ans, les $4/12^{es}$ ou le tiers; le sainfoin de trois ans, les $3/9^{es}$, c'est celui que je suis à
présent : les fourrages occupent donc chez moi depuis vingt-cinq ans au moins, le tiers de la super-
ficie totale, et je me trouve très-bien de cette rotation; je n'ai dans tout l'assolement qu'une année
de jachère complète que je fume et qui précède

immédiatement le blé , sur lequel je place le nouveau sainfoin ; à la dernière année la terre a certainement plusieurs degrés de fertilité de plus
qu'elle n'avait en commençant , et je suis certain d'avoir depuis vingt-cinq ans doublé le produit en blé de mes terres , et triplé au moins celui
des pailles tant par leur nombre que par leur hauteur. Je ne puis que solliciter mes confrères , dans
des localités semblables à la mienne , de suivre
mon exemple ; j'ai la conviction qu'ils réussiront.
Voilà donc les assolements que j'ai suivis :

Sainfoin de quatre ans.	*Sainfoin de trois ans.*
1. 2. 3. 4. Sainfoin.	1. 2. 3. Sainfoin.
5. Blé.	4. Blé.
6. Blé.	5. Maïs ou récolte jachère.
7. Maïs.	6. Blé.
8. Récolte jachère.	7. Maïs.
9. Blé.	8. Jachère pure fumée.
10. Maïs.	9. Blé avec sainfoin.
11. Jachère pure fumée.	
12. Blé avec sainfoin.	

J'ai longtemps défriché le sainfoin à la bêche
pour maïs ; ma rotation était alors celle-ci :

1. 2. 3. 4. Sainfoin.
5. Maïs.
6. Blé.
7. Maïs.
8. Récolte jachère.
9. Blé.
10. Maïs.
11. Récolte jachère.
12. Blé.
13. Maïs.
14. Jachère morte fumée.
15. Blé avec sainfoin.

Mais j'ai préféré faire succéder le blé à la prairie; l'expérience m'a débarrassé des craintes que la théorie m'avait fait concevoir. Je conserve donc toujours la même culture en blé, ce qui est la vraie récolte du propriétaire, et autant de fourrage que de blé ; ce qui m'a permis, en nourrissant beaucoup mieux mes bestiaux, d'en tiercer le nombre et quelquefois de le doubler, par suite, de fumer presque le double de terre ; ce qui, joint à l'effet améliorant du repos herbacé, en accroît toujours la fertilité.

Mais la crainte de voir tôt ou tard le sol diminuer la production du fourrage, m'a fait, depuis un certain nombre d'années, essayer de nouvelles plantes. Je n'ai pas été heureux ; je n'y renonce pas cependant ; et, comme je le dis en parlant de la luzerne, je crois maintenant pouvoir compter sur sa réussite, et quelques prairies naturelles achèveront de me rassurer sur mon avenir.

Je n'ai pas encore essayé la culture du SAINFOIN D'ESPAGNE OU SULLA (*H. coronarium*), et j'ai plusieurs fois tenté, mais sans succès, de cultiver le SAINFOIN A DEUX COUPES ; variété du sainfoin ordinaire ; mais qui peut-être est plus circonstantielle que persistante.

ARTICLE IV.

De la *Vesce*.

La VESCE (*vicia sativa*) , ainsi nommée du latin *vincio*, à cause de sa qualité grimpante, est une légumineuse, de laquelle on reconnaît une soixantaine d'espèces, toutes propres à la nourriture des bestiaux ; mais les seules que l'on cultive dans nos cantons, et que j'ai eu occasion de connaître, sont la VESCE JAUNE (*vicia lutea*), la VESCE BLANCHE (*vicia alba*), et la VESCE NOIRE (*vicia nigra*); les deux premières ne sont par nous considérées que comme des variétés de la troisième. C'est celle-ci qui est un objet spécial de culture, non que les autres ne partagent ses propriétés et ne se confondent dans la théorie de leur éducation, mais la dernière est la plus avantageuse; elle résiste mieux à l'hiver, fournit davantage; et les deux premières sont principalement destinées à produire du grain, recherché plus que l'autre par les oiseaux domestiques, et surtout les pigeons. Nous ne nous occuperons en conséquence que de la *vesce noire*, qui, étant annuelle, donne un moyen simple d'utiliser des jachères, et dont la culture est vulgaire avec juste raison.

La vesce noire est une plante hyémale, mais que, comme la vesce jaune et la vesce blanche, l'on peut aussi semer au printemps. Il est peut-être mieux de la cultiver ainsi, lorsque l'on en veut seulement retirer la graine. La plante est dans ce cas moins forte et moins productive; mais elle a moins de chances contre elle, et, semée plus clair, elle est moins sujette au brouillard et aux autres accidents de la maturité. La vesce cultivée pour graine se sème au mois de mars et même d'avril; on doit fumer abondamment la terre, car elle est extrêmement épuisante, et beaucoup plus que le blé. Il suffit de jeter un demi-hectolitre par arpent; la récolte en est ordinairement de sept ou huit hectolitres. Il ne faut couper les vesces que lorsqu'elles sont bien mûres, les tiges et les siliques très-brunes; on les coupe et on les transporte dans la nuit, pour éviter un égrenage en place qui en fait perdre beaucoup, et dont le semis nuit au blé qui doit leur succéder. Le battage sur l'aire est facile; la dépouille ne peut, tout au plus, être comptée que pour de la paille; mais il est bon de la garder à part, et de la faire passer devant les bœufs avant de l'employer pour litière, afin que les semences qui ont échappé au battage se consomment mieux, et tous les animaux les aiment beaucoup. On peut aussi, dans les vesces semées pour fourrage, réserver pour graine les parties les plus claires. Mais les semences sont moins bonnes parce que c'est une preuve que la terre est plus faible; elles mûrissent plus difficilement, sont moins développées, et exigent une bonne fumure pour le blé qui doit les remplacer. Les vesces fauchées se retournent facilement; la plante laisse la terre soulevée, et trois bons labours sont alors suffisants. Il faut les éloigner assez l'un de l'autre pour donner le temps aux racines de se consommer, et aux graines qui auraient échappé, de paraître.

Lorsqu'on sème les vesces pour fourrage, il faudrait en jeter un hectolitre par arpent. Elles sont moins élevées, sans doute; mais étant plus drues, le fourrage est de meilleure qualité. Comme la vesce est éminemment grimpante, on y mêle, en la semant, quelques plantes qui la soutiennent. Ordinairement ce sont des criblures de blé; mais j'aime mieux du blé pur, et peut-être de l'avoine là où elle se plaît, parce qu'elle est plus précoce. Il faut indispensablement les faucher à la fleur tombante, et lorsque les siliques sont à peine dé-

veloppées ; le foin en est alors doux , répand une
bonne odeur de fenaison , le détritus en est plus
abondant , et le défrichement en est plus facile. Il
faut se hâter de faire ce défrichement avant que la
terre se soit tassée. Plus les paysans sont soigneux,
plus on doit les surveiller à cet égard : comme le
fourrage est sans contredit plus nourrissant lorsque
la silique est à demi formée , ils ont toujours des
prétextes pour en retarder la coupe. Lorsque
celle-ci est faite ainsi que je l'indique , on peut
facilement faire rentrer les vesces dans le fenil.
Il est indispensable que les vesces , plus encore que
les autres fourrages légumineux , soient parfaitement sèches avant de les renfermer , sinon le foin
moisit , et s'il y a de la graine, elle germe. D'ailleurs, la vesce perd peu de feuilles, et c'est la moisissure, soit sur pied, soit en grange, qui en diminue
la quantité. Aussi , dans le cas qu'elles soient un
peu faites , il est mieux d'en faire une meule à
l'extérieur , que l'on couvre ensuite de paille , et
que l'on réserve pour les grands travaux du printemps ; les rats , qui en sont très-friands , y pénètrent moins. Le fourrage des vesces est très-nour-
rissant , et doit être donné avec ménagement ,
quoiqu'il ne météorise que peu les animaux. Les
vesces coupées à point donnent ordinairement
deux à quatre charretées de foin par arpent. Si la
terre est bonne , on peut se dispenser de l'engraisser ; les détritus remplacent et au delà la substance qu'elles lui ont enlevée ; mais si le sol est
médiocre, il faut, par une demi-fumure, s'assurer
d'une bonne coupe et ensuite d'un beau blé. La
graine de vesce dégénère dans le pays ; on la re-

nouvelle avec avantage, en la tirant du Bas-Languedoc ou de la Bretagne : celle-ci est plus grosse et la fane en est plus haute, plus forte et plus branchue.

ARTICLE V.

De la Gesse, des Pois, de l'Ers.

J'ai cultivé avec assez de succès la GESSE ou *lentille d'Espagne, gairotte (lathyrus sativus)*, la GESSE VELUE (*L. hirsutus*) ; le POIS GRIS, *pois agneau, bisaille, pois de brebis (pisum arvense)*, qui tous ont beaucoup de rapport avec la vesce, mais lui sont inférieurs en qualité ; et l'ERS (*ervum ervilia*), dit aussi *eros, lentille bâtarde, pois de pigeon, pois moresque, pejette.* Cette dernière, en vert, donne peu ; elle donne assez de grain, mais, malgré mes soins, mes bestiaux l'ont généralement dédaigné ou en ont toujours fait très-peu de consommation. On dit qu'il empoisonne les cochons.

ARTICLE VI.

Du Lupin.

Le LUPIN BLANC (*lupinus alba*), est dès long-temps, et depuis Columelle, très-vanté par les auteurs agronomiques et comme fourrage et comme engrais végétal. Sous le premier rapport, les éloges que l'on en fait sont exagérés. L'amertume du lupin, tant dans sa fane que dans sa graine, le rend peu agréable aux bestiaux, quoique l'on fasse tremper cette graine avant de la leur présenter. Mais sous le rapport de l'engrais, les éloges que l'on donne à cette plante sont mérités. Elle s'élève à deux pieds environ, elle est rameuse, épaisse, elle ne souffre pas d'herbes étrangères : elle réussit partout, dans les terres légères ou graveleuses, même dans les terres fortes, pourvu qu'elles ne soient pas humides; dans les terres crayeuses comme dans les sols calcaires, ainsi que dans les sols argileux et ferrugineux. On doit semer le lupin en automne, en septembre ou octobre, ou le printemps quand les fortes gelées ne sont pas à craindre. Sa graine est blanchâtre, aplatie, orbiculaire et anguleuse. On en sème, par arpent, un hectolitre ou deux cents livres, et qui rendent, terme moyen, quinze pour un. Lorsqu'on veut l'enterrer, il vaut mieux le semer dès que le blé est enlevé ou le maïs emporté; on peut se contenter d'un seul labour; et au printemps suivant on l'enterre lorsqu'il est en fleur, et on le laisse pourrir quelque temps, afin de le préparer à se mêler à la glèbe. Mais souvent cela réussit assez mal dans nos climats, et j'ai éprouvé de la difficulté sous ce rapport. Au reste, je n'ai pas trouvé d'avantage réel à le cultiver en grand : cependant, ce qui m'est arrivé ne peut être donné comme une règle générale. Je trouve que l'enfouissement de toute autre plante de ce genre opère un meilleur effet.

ARTICLE VII.

Du Sarrasin.

Le sarrasin (*polygonum fagopyrum*), *blé noir, maurisco, carabin, bucail*, est, comme l'on sait, le grain des pays pauvres et des mauvaises terres. Je l'ai essayé comme fourrage, et principalement le *sarrasin de Tartarie* que j'avais rapporté de Bretagne en 1806. Je n'en ai pas été content ; sa croissance est rapide ; je le crois bon à enfouir en vert ; il ne se fane pas très-bien, et son foin n'est pas odorant : d'ailleurs, cette nourriture n'est pas très-bonne, quoique je pense qu'on ait exagéré l'effet des vertiges qu'elle occasionne ; au total, je ne crois pas qu'il vaille la peine d'être cultivé sous ce rapport.

ARTICLE VIII.

De la Chicorée et de la Pimprenelle.

J'ai essayé une seule fois la grande chicorée sauvage (*cichorium intybus*) et la pimprenelle (*poterium sangui sorba*), elles m'ont réussi l'une et l'autre, car elles réussissent partout ; mais je n'ai trouvé dans leur culture aucun de ces avantages que la plume de plusieurs auteurs leur avait si libéralement accordés. Ce sont de mauvais fourrages, secs, durs, sans saveur, quoiqu'ils puissent être quelquefois abondants ; et souvent rebutés même en vert par les bestiaux. Ils ne sont propres véritablement qu'à créer des pâturages, car ils résistent, soit à la sécheresse, soit aux froids : mais hors ce cas , ils ne sont pas d'une grande utilité. Mêlés avec d'autres plantes comme les trèfles , surtout le trèfle blanc , ils peuvent donner un pacage excellent , mais ils ne tardent pas à les surmonter et à les faire périr. Comme je l'ai dit , ils réussissent à peu près dans tous les sols ; mais mes terres ne sont pas assez mauvaises , et j'ai de plus avantageuses cultures à faire pour que je puisse attacher une grande valeur à celles-ci. Du reste , elles s'élèvent beaucoup , sont très-vigoureuses , et même , si on en croit Cretté-Palluel , la chicorée peut donner cinquante-six milliers par arpent , ce dont je doute fort. La chicorée et la pimprenelle peuvent se semer en mars ou en septembre avec une céréale , l'une à raison de 12 à 15^l de graine par arpent , l'autre à raison de 25 à 30 ; l'une et l'autre peuvent durer plusieurs années. Ce pâturage est surtout bon pour les moutons , qui s'en accommodent mieux que les autres animaux , et qui , une fois qu'ils y sont accoutumés , le mangent avec plaisir.

ARTICLE IX.

Du Maïs.

Le MAÏS (*zea*) dit aussi *blé d'Inde* , *blé de Turquie* , *millet* , *blé de Guinée* , si propre à être cultivé dans le Lauragais , où il est une des bases de l'agriculture , est, indépendamment de son grain , une ressource presqu'inépuisable de substance fourrageuse. Les rejetons de ses pieds que l'on supprime dans les sarclages , ses *panicules* ou *crêtes* qui sont coupées pour hâter et favoriser la fructification de ses épis, donnent un fourrage excellent en vert et en sec ; quoique à l'œil il paraisse avoir peu de qualités nutritives, il est recherché des bestiaux de toute nature et les entretient très-bien : ses *tiges* ou *camborles*, bien supérieures à la paille des graminées, sont dévorées avec délices, quoique les vents en emportent les enveloppes et que la pluie les moisisse ; il faut que cette moisissure soit bien intense pour que les bestiaux s'en dégoûtent ; et pour peu qu'on les tienne bien ramassées et bien aérées, elles se conservent assez bien : les roseaux, même après que les animaux ont consommé les feuilles, peuvent servir à chauffer le four, et à faire un fumier d'autant meilleur que ce roseau est riche en soude et en substance azotée. On ne peut guère évaluer dans les circonstances les moins favorables à moins de dix quintaux par arpent les premières et à vingt les dépouilles.

Mais ce produit accidentel n'est pas le seul fourrage que l'on puisse obtenir du maïs ; on peut le cultiver exclusivement pour cet objet, c'est ce que nous appelons *milhargou*. On le sème épais, à peu près sur le pied d'un hectolitre par arpent sur un simple labour après la récolte du blé ; sans doute il effrite la terre, mais surtout lorsqu'on laisse la panicule pousser et l'épi commencer, alors il faut fumer la terre légèrement ; on observera d'ailleurs que le surcroît de nourriture que produit ce commencement de fructification rend encore le fourrage préférable. Il est difficile d'évaluer même approximativement le produit d'un arpent de ce fourrage,

il peut rendre sur le pied de vingt à cinquante
quintaux. Ce fourrage, excellent en vert, n'est pas
moins bon en sec ; il se fane avec facilité , mais
il exige beaucoup de soins ; il a peu de parfums ,
mais il entretient très-bien la santé des animaux.
Je l'ai à peu près banni de mon exploitation , tout
en reconnaissant son mérite ; mais pourquoi
avoir un fourrage épuisant quant on peut avoir
tant de fourrages améliorants? Il n'en est pas
moins vrai qu'à lui seul et avec une culture bien
appropriée , on peut se passer des autres , et il
peut sans doute suffire à procurer les engrais
nécessaires à remplir ses exigences. Le *maïs à
poulets* ou *maïs quarantain* est peut-être moins
productif en grain ; mais, sous le rapport du
fourrage , il vient bien plus rapidement , son
fanage est plus facile et il fatigue moins le sol.

ARTICLE X.

*Des avantages de la culture des prairies
artificielles, prises dans la classe des
légumineuses.*

Le système de la culture alterne , dû en grande
partie à l'introduction des prairies artificielles
prises dans la classe des légumineuses , a commencé depuis près de cent ans dans notre Lauragais : et mon oncle , M. le Comte de Mauremont , est je crois le premier qui a introduit ce
genre de plante ; mais la première chose qui
frappa ses yeux, à juste titre , fut l'amélioration
qu'elles produisaient dans le sol , et c'était sur-

tout pour *fumer la terre*, disait-on, qu'on les
cultivait, sans encore rien changer au genre
d'assolement adopté. Ce fut surtout le sainfoin
qui fut employé, et comme il réussit spécialement sur les terres calcaires qui étaient alors
considérées ici comme les moins fertiles ; comme
déjà et depuis l'introduction du maïs, la culture
triennale était adoptée sur ces sortes de sols, et
que l'on ne pensait pas à toucher à ce principe,
encore et aujourd'hui même respecté, on ne le
laissait subsister qu'une année, quelquefois deux ;
et l'amendement produit par son défrichement
était encore bien plus apparent. Lorsque en 1806
je commençai à cultiver par moi-même, mes
terres n'en recevaient que quelques carrés dans
les parties où la récolte du blé s'affaiblissait sen-
siblement. Ainsi qu'il faut toujours commencer,
je me livrai à quelques lectures, et je fus surtout séduit par celle des ouvrages de Rozier et
de Gilbert ; mais j'avais pour voisin un ami de
mon père, M. de Villèle, ce laborieux, instruit
et zélé agronome, avec lequel ma famille avait
d'autant plus de relations, que son fils, jeune
officier de marine (1), avait été placé sous la
surveillance de l'amiral de Saint-Félix mon père,
avec lequel il s'était héroïquement conduit dans
les orages révolutionnaires, et pour lequel nous con-
servions, sans l'avoir jamais vu, la reconnaissance
et l'attachement qu'il méritait si bien. Son vertueux
père me voua l'amitié la plus vive et se chargea

---

(1) Aujourd'hui le comte de Villèle, ancien président du
Conseil, et agriculteur distingué.

de mon éducation agricole, éducation toute de
préceptes, sans aucune pédanterie, et appuyée sur
une longue et habile expérience. Il avait beaucoup étendu la culture des plantes fourrageuses,
l'avait mise sur la ligne de ses produits, et à son
exemple, je résolus, mais peu à peu (car ses
conseils étaient aussi prudents que sa conduite
était sage), d'en faire la base de ma culture ;
et par leur moyen, de nourrir mieux mes bestiaux, de me mettre plus tard dans le cas de
pouvoir en augmenter le nombre, et par suite
la masse de mes engrais. Par les comptes que
l'on avait tenus, et dont je ne retrouvai que quelques notes de 1795 à 1805, j'appris que le produit moyen du blé dans les terres que j'étais
appelé à administrer avait été de 364 hectolitres
sur 72 arpents, ou 4 hectolitres 91 par arpent ; et
que celui des pailles avait été toujours en terme
moyen de 7185, ou environ 100 gerbes par arpent. Onze paires de bœufs ou de vaches de travail, 19 jeunes élèves, et près de 120 bêtes à
laine composaient l'animalité de mon domaine,
alimentés par 30 voitures de fourrages, produit
de prés usés, farouch, vesces noires, 3 de
sainfoin, 3 de maïs en vert, 70 de paille, 30 de
panicules de maïs et 70 de dépouilles (*trouisses
et camborles*). Telle était la statistique agricole de
ce domaine, lorsque je commençai à l'administrer.

Je m'occupai principalement d'étendre la culture du sainfoin, et dans quelques lieux celle du
trèfle ; j'en fis la base et le pivot de mon système,
et comme mes terres étaient encore faibles, j'en

étendis à quatre ans la durée , et j'établis un
intervalle de onze ans entre le défrichement et
le retour , ce qui me donna un assolement de
quinze ans. Mes terres arables furent donc ainsi
divisées comme je l'ai dit en parlant du sainfoin ,
ma principale prairie ; elles recevaient quatre
soles de sainfoin , une en fèves , farouch ou
vesces noires , une fumée en légumes , lin , pois ,
haricots et autres cultures accidentelles , quatre
en blé , quatre en maïs , une en jachère morte
fumée qui servait de préparation au blé sur lequel je semais le sainfoin de nouveau. Cet assolement préparé par plusieurs années d'essais ,
termina sa carrière en 1830 : et le résultat
moyen calculé sur cet espace de temps de vingt-
cinq ans me porta un produit en blé de 9 hectolitres en grain et 155 en paille par arpent. Cette
production de paille , vu l'augmentation du nombre de mes bestiaux , était pour moi insuffisante.
Je pensai à l'accroître en défrichant le sainfoin
au moyen du blé au lieu de maïs ; et comme il
me parut que l'amélioration de mes terres ren-
dait moins productive la quatrième coupe du
sainfoin , dont peut-être la terre se fatiguait , j'ai
changé ma rotation en la réduisant à neuf ans ,
dont trois en prairie artificielle et neuf de repos
de cette production , ainsi qu'il est décrit dans
l'article précité : lorsque les terres me paraissent
préférer le trèfle qui ne dure que deux ans , je
le sème en automne sur de l'avoine que je fais
alors succéder au blé ; cherchant toujours ,
comme on le voit , à rentrer dans l'assolement
triennal en usage. Les résultats de 1830 à 1840

m'ont donné une récolte en blé de 10 hectolitres par arpent et de 250 gerbes pailles (1). Je ne puis évaluer à moins de 50 voitures les panicules de maïs, et à 100 voitures les dépouilles de cette plante.

Je demande pardon au lecteur d'entrer dans de semblables détails ; mais cet opuscule n'a de mérite que dans les résultats positifs de mon expérience propre ; j'ai donc dû lui en indiquer le tableau et les avantages. Sans doute que l'amélioration n'est pas toute due directement à la prairie ; mais l'augmentation et la plus abondante nourriture des bestiaux ont produit beaucoup de fumier, auquel ces avantages ne sont pas non plus étrangers ; et cette branche importante de l'économie rurale est actuellement portée au nombre de quatre-vingts têtes , non compris les bêtes à laine. Voilà ce que j'ai fait ; d'autres pourront mieux faire , et ils peuvent être assurés qu'ils réussiront , s'ils ont assez de patience et de persistance pour ne pas se décourager pour quelques mécomptes auxquels on doit toujours s'attendre , et que comme un autre j'ai eu souvent à éprouver.

Il m'est donc démontré par trente-cinq ans d'expérience que l'introduction des prairies artificielles améliore le sol , augmente la production du blé (le maïs en profite même davantage), nous donne les moyens d'augmenter l'élève des

---

(1) Des détails plus étendus de mon système se trouvent dans le Journal des Propriétaires ruraux ; année 1833, t. 29. pag. 33 et suiv.; mais sans contredit la plus belle réussite a été ici comme partout, celle de l'année 1840 , qui m'a produit 11 hectolitres et demi à l'arpent et 260 gerbes de paille.

gros bestiaux, et par tous ces moyens d'accroître notablement nos revenus.

C'est surtout sous ce dernier rapport que les légumineuses l'emportent sur les graminées. Comme alimentation, je crois qu'on peut affirmer que les premières surpassent les autres d'un tiers, c'est-à-dire que trente livres de leur foin équivalent à quarante livres des autres : non que toutes soient au même degré ; les graminées sèches et venues sur un sol élevé, sont plus nourrissantes que celles venues dans un terrain humide ; la luzerne et le trèfle le sont plus que le sainfoin ; mais il est bien difficile, pour ne pas dire impossible, d'établir entre les plantes de la même famille des rapports mathématiques même approchés. Nous savons seulement d'après une constante expérience que les animaux nourris exclusivement de légumineuses et à satiété, finissent toujours par des affections pulmonaires et quelquefois cérébrales ; ils deviennent poussifs et obèses ; aussi est-il pour eux plus nécessaire que pour ceux qui sont nourris de foin naturel, de faire beaucoup entrer dans leur alimentation la paille qui n'est qu'un foin moins appétent. Comme les bêtes bovines absorbent par le séjour de la nourriture et ses circonvolutions dans leur corps beaucoup plus de parcelles nutritives, il faut surtout leur ménager le foin artificiel ; et ne pas en trop donner surtout aux bêtes à laine, plus délicates et moins soignées individuellement. Quant à la quantité de fourrage en sec que peuvent donner les prairies artificielles, Gilbert et Thaër ont fait des expériences comparatives, qui prouvent que si la luzerne dans ses trois ou quatre coupes donne le double en foin qu'une bonne prairie naturelle, le trèfle dans deux coupes en peut donner une fois et demie, le sainfoin, les cinq quarts. Je crois qu'en gros nous pourrions ainsi établir des rapports suffisants entre ces différents fourrages.

	PRODUIT par ARPENT.	PRODUIT en LIVRES.	VALEUR NUTRITIVE.
	quintaux.		
Foin naturel......	40	4000	4000
Luzerne..........	60	6000	8000
Trèfle....	50	5000	7000
Sainfoin..........	45	4500	5000
Vesces noires.....	50	5000	7500

On sent que ces rapports ne peuvent donner que des aperçus qui tiennent beaucoup, dans l'application, de l'état de la prairie, du sol où elle croît, et de la manière dont elle a pu être fanée.

Ainsi et avec toujours les mêmes restrictions, en calculant sur une masse de terres labourables de 300 arpents, et en supposant que 80 soient occupés par des prairies artificielles de toute nature et de tout âge, on pourra penser qu'il est possible d'élever 80 têtes de bêtes à cornes, les veaux de deux ans et au dessous comptant pour moitié, et les bêtes à laine pour un sixième ; que les pailles pourront suffire, et qu'on aura le fumier nécessaire pour 50 à 60 arpents.

ARTICLE XI.

Du semis des prairies artificielles.

L'époque de la semence a été très-controver-
sée ; elle est encore diversement fixée, à l'automne ou au printemps. La seconde est la plus
en usage et paraît la plus convenable ; mais
comme rien ne nous fait prévoir si les froids seront hâtifs ou tardifs, les pluies rares ou fréquentes,
on peut souvent se tromper. Il me semble que
les semis d'automne réussissent moins également :
cependant en les faisant dès le mois de septembre et en ayant soin de couvrir légèrement le
semis avec un râteau, quoiqu'on jette la graine
avec une céréale, il est à croire qu'on n'y trouvera pas de différence. Les semences de printemps se font sur les blés semés en automne,
et je ne me suis jamais aperçu que, malgré les
apparences contraires, les deux plantes se nuisent d'une manière sensible. Pour la luzerne,
je ne la fais pas avec une céréale, mais seule,
et seulement à la fin d'avril ou au commencement de mai, car les gelées tardives leur sont
funestes. Lorsque je sème la prairie en automne
avec de l'avoine, je ne mets de cette céréale
que deux tiers ou trois quarts de la semence ordinaire, c'est-à-dire un hectolitre ou cinq quarts
d'hectolitre. Quant à la prairie, comme on tient
moins à la graine qu'à la fane, et pour cette dernière plus à la qualité qu'à la quantité, il faut
toujours la semer assez dru : il suffit pour le
trèfle et la luzerne de 6 à 8 hectolitres par ar-

pent de graine avec son enveloppe et 15 à
20 livres de graine mondée, et pour le sainfoin
de 2 à 3 hectolitres de graine en silique. On ne
sème jamais celle-ci autrement. Quant aux vesces
noires, un hectolitre ou cinq quarts d'hectolitre
sont suffisants. Du reste, en parlant spécialement de chaque plante, j'ai donné des notions
particulières sur cet objet important.

Il en est de même pour la préparation du terrain : comme on fait en général la prairie sur
du blé déjà levé, il faut que la préparation de ce
blé ait été bien soignée, et que le labour, au
lieu de six à sept pouces de profondeur, en ait
de huit à dix, et qu'autant qu'il est possible le
champ soit égoutté et bien fumé au moins à la
dose de vingt à vingt-cinq voitures par arpent.
En un mot, tout ce qui mécaniquement peut diviser le sol doit être employé, et la récolte
comme l'amélioration postérieure en seront plus
assurées.

Je ne crois pas du reste qu'il y ait lieu à semer en ligne les prairies artificielles : les autres
plantes et surtout les graminées qui s'y introdui-
sent sont presque toutes utiles. Si on sème la
graine bien pure, les premières années n'ont pas
de plantes hétérogènes ; lorsque la prairie s'affaiblit, ces graminées remplissent les vides tant
dans le champ que dans le fenil. Il en est de même
quand l'état de l'atmosphère est contraire à la
végétation et par suite favorise celle des autres
plantes rivales. Je ne me suis jamais occupé de
sarcler ou biner mes sainfoins, mais avec avantage dans mes terres calcaires et où l'argile

fraîche était plus apparente, je me suis bien trouvé d'y mêler du trèfle dans la proportion du tiers à la moitié.

ARTICLE XII.

Du plâtrage et de l'engrais des prairies artificielles.

Les prairies artificielles, dont l'effet habituel sur le sol est constant et reconnu tel, ont cependant besoin d'engrais pendant leur végétation, et l'emploi du plâtre est devenu vulgaire. Beaucoup emploient du plâtre cru, tel qu'on le retire de la carrière; je n'en ai jamais usé de cette façon, à moins, ce qui arrive quelquefois, que des chaufourniers fripons n'en mêlent avec le plâtre cuit. Celui-ci est pilé et passé au moulin, grossièrement tamisé, et les criblures qui sont le résultat de cette opération, peuvent parfaitement servir; mais comme chez moi le plâtre est cher et éloigné, j'aime mieux employer le plâtre tamisé tel que celui qui sert à bâtir, plus calciné, plus moelleux, et qui fait beaucoup plus d'effet. Cette différence est assez grande pour balancer l'économie qu'on trouverait à employer l'autre, aussi je ne me sers que de ce dernier, et tout ce que j'en dirai n'a de rapport qu'à cette qualité.

Je ne suis ni physicien, ni chimiste, et je ne puis me faire une idée arrêtée sur l'effet agricole des prairies artificielles dans la rotation de la culture, et sur leur propriété de préparer merveilleusement le sol à une plus forte production de céréales; soit, d'après l'opinion de M. Decandolle, que cet effet soit produit par la nature des sécrétions de leurs racines, par leur absorption habituelle des sucs atmosphériques, par la décomposition graduelle de leur détritus et surtout lors du défrichement par celle de leurs racines; soit enfin que leur principale influence soit tout-à-fait mécanique, et provienne de la division que leurs pivots opèrent dans une terre un peu argileuse, dans le sein de laquelle ils portent les principes fécondants atmosphériques : cette propriété n'est pas moins réelle et apparente, quelle qu'en soit la raison principale, et nous la connaissons par ses effets si nous en ignorons la véritable cause. Il en est de même de l'effet du plâtre, effet général, effet universel, que ce soit un amendement ou simplement un stimulant. Ce qu'il y a de certain, c'est que de nombreuses expériences appliquées à d'autres plantes, m'ont prouvé que le plâtre n'agit que sur la fane, sur la substance parenchymateuse, et nullement sur la production de la semence ; aussi plusieurs agriculteurs distingués, et principalement le célèbre Mathieu de Dombasle, ont-ils été très-satisfaits du plâtrage employé avec la semence au moment qu'on la confie à la terre, et alors dans la proportion d'un demi-hectolitre par arpent, ce qui en assure, dit-il, la réussite ? J'ai commencé à essayer ce moyen, mais je ne puis encore me bien fixer sur son effet.

Pour jeter le plâtre sur les prairies en végétation, il faut choisir, ce qui n'est pas ici très-facile, un temps calme ; aussi me suis-je souvent bien trouvé de le faire de bonne heure. On peut, dès le mois de janvier, s'en occuper ; le mois de mars est le plus favorable, parce que c'est le moment du plus grand élan de la végétation qui fait instantanément le plus d'effet; ainsi il est impossible qu'en trois mois on ne trouve pas un temps favorable. Au lieu de n'en projeter qu'une fois pour toute la durée de la prairie, chaque année j'aime mieux le faire, car l'effet momentané est le plus apparent. Je me suis borné à un hectolitre par arpent, c'est-à-dire de 250 à 300^l, et j'y reviens par moitié lors des coupes subséquentes de trèfle et de luzerne. Il y en a certainement assez, mais il n'y en a pas trop. Au reste, il est encore de principe que plus la prairie est fournie et abondante, et plus le blé qui lui succède est beau et productif. C'est donc travailler pour le blé que de travailler pour la prairie.

Il m'est arrivé et avec succès, quoique rarement, de jeter sur la prairie des engrais pulvérulents, des cendres, des plâtras, de la colombine, et je crois, mais je n'en ai pas l'expérience, que la poudrette à la même dose que le plâtre, la ferait durer davantage et la préparerait mieux au défrichement. Il en serait probablement de même du noir animal. Tout ce qui peut augmenter la dose de carbone qui se trouve dans les éléments du sol, ne peut qu'en accroître la fertilité.

ARTICLE XIII.

Du fauchage et du fanage des prairies artificielles.

Je ne puis en général que répéter ce que je dis en particulier de chacune des plantes légumineuses que nous cultivons : le moment du fauchage, lorsqu'on a une grande quantité de prairies et peu d'ouvriers, est presque toujours trop retardé pour les dernières, lorsqu'il est même un peu avancé pour les premières. Dans nos terres fortes le mouvement de la végétation est lent à commencer ; mais une fois que ce mouvement s'est manifesté, il s'accélère rapidement. J'ai vu souvent à la fin de mai nos prairies donner peu d'espérances, quelques-unes même paraître nulles, et ces mêmes prairies dans le mois de juin, rendre d'excellentes coupes. Il faut donc retarder leur fauchage, elles ne croissent qu'au moment qu'elles sont en fleur ; il est vrai que leur floraison est longue, et que dès qu'elle est avancée elles deviennent hautes et trop souvent dures. Il faut donc se décider à faucher dès que la fleur se montre et que l'herbe a dix-huit pouces de haut, couper toujours les prairies les plus avancées, et presqu'ordinairement les dernières donnent un foin de plus médiocre qualité. Je coupe les derniers les sainfoins de première année ; et quand ils sont destinés, comme c'est ordinaire chez moi, à porter de la graine, j'attends le plus que je le puis, afin que la partie qui tombe toujours, quelque soin que l'on prenne, puisse épaissir la prairie qui n'est jamais trop fourrée. La première coupe de trèfles et de luzernes doit être avancée pour que la seconde profite encore du reste de fraîcheur qui dure encore dans le courant de juin.

Il y a plusieurs manières de faner les prairies artificielles. Ces plantes grasses et aqueuses éprouvent toutes une fermentation qui les chauffe et retarde leur dessiccation, laquelle doit être complète si l'on veut que le foin soit de garde et de bonne qualité ; il faut aussi autant que possible en conserver le feuillage et le remuer très-peu. Pour cet effet, dès que les andains sont desséchés sur leur face antérieure, il faut les retourner simplement, les faire ainsi sécher en dessous, et les charger quand ils le sont partout. Mais ce qui m'a le mieux réussi dans tout temps mais surtout lorsque celui-ci est incertain, ce qui est ordinaire ici à cette époque, c'est d'en faire de petites meules à mesure qu'on les coupe, des meules de quatre à cinq pieds de haut, et de les laisser dans cet état jeter leur feu ; le soleil les brûle, les pluies les humectent, rien ne doit déranger le cultivateur ; les tas s'échauffent et deviennent brûlants, on ne doit pas s'en inquiéter. Quand la main vous assure que le foin est à peu près sec, on retourne ces meules bien affaissées, mais par un simple mouvement de fourche, et on les charge dès qu'elles sont ressuyées, le foin ayant toutes ses feuilles, tout son arome et la plus belle couleur ; car c'est surtout par défaut de fanage que le foin artificiel est d'un autre aspect que le foin naturel.

ARTICLE XIV.

Du pâturage des prairies artificielles.

En principe, la dépaissance des prairies artificielles leur est toujours antipathique. Cependant comme en général et dans nos domaines on n'a guères d'autres pâturages, et que les bestiaux ce-

pendant en exigent, il faut bien se résoudre à
leur accorder celui-là, et d'ailleurs on ne pourrait guères l'empêcher, ayant surtout nos bestiaux
à cheptel. Mais aussi l'intérêt qu'ont les paysans,
leur fait prendre les précautions nécessaires pour
ne pas exposer les animaux aux effets délétères
des légumineuses vertes et humides, et si j'ai
dans l'origine éprouvé beaucoup de météorisations,
je les ai suffisamment combattues avec un verre
d'eau-de-vie saturé de nitre et une promenade
calme. Au reste, depuis plus de dix ans que je
n'ai pas éprouvé ce malheur, je défends seulement la prairie dans l'année de sa semence et jusqu'à la première coupe ; c'est alors que les dom-
mages résultants de la dépaissance et du parcours
sont les plus sensibles et les plus désastreux. Les
cochons font aussi beaucoup de mal en fouillant ;
les oies, par leurs déjections et les plumes qu'elles
perdent, dégoûtent les animaux : il est à désirer
que les uns et les autres n'y entrent jamais.

Nous n'employons guères les prairies à la consommation régulière en vert, et j'avoue qu'indépendamment de la tympanite, ce mode de
profiter de la prairie me paraît le moins avantageux ; c'est à la production du fourrage sec que
nous devons presque toujours nous attacher. Je
crois qu'au moins dans nos localités, on ne doit
pas donner trop de prix à l'effet de la consommation en vert ou du pâturage, sous le rapport
de la prospérité de la prairie et de l'amélioration
qui en est la suite ; sous celui de l'engraissement
du sol par les déjections beaucoup plus profitables et beaucoup plus régulières lorsque ces der-

nières sont réduites en fumier, et moins nécessaire à la santé des animaux qu'on ne le pense trop généralement.

ARTICLE XV.

Du défrichement des prairies artificielles.

Je commençai avec une pensée que j'avais prise dans les livres, et que la connaissance apparente du sol que je cultivais avait fortifiée. Je croyais qu'un bon défrichement ne pouvait avoir lieu que l'hiver pour une récolte de printemps; en conséquence, pendant longtemps je donnais à travailler à la bêche la prairie condamnée pour porter du maïs à moitié, et sur ce maïs je semais du blé. Mais l'expérience m'apprit que le maïs était une détestable préparation pour le blé, non à cause de l'épuisement du sol, mais par le peu de temps qui me restait pour préparer la terre à être emblavée; et comme la production était extraordinairement plus forte, j'essayai de rompre la prairie avec la charrue. Lorsque la terre se resserre, j'avoue que l'on peut à peine faire entrer l'instrument, mais il suffit de gratter le sol; à la première humidité, et même sans elle, le second labour pénètre assez la terre; et au troisième la terre est remuée à toute la profondeur nécessaire et même désirable, c'est-à-dire à six ou huit pouces, et on est bien dédommagé par la récolte. Après ce blé, ou je fais du maïs, quelquefois mais rarement de l'avoine, du lin, des fèves, des vesces qui n'y sont pas belles, ou je mets la terre en jachère pure, ce qui me permet d'approfondir le guéret, de le préparer parfaitement à une autre récolte de blé, et de faire rentrer le champ dans l'assolement triennal ordinaire. Je procède ainsi depuis cinq ans, et je m'en trouve bien. En combinant et rapprochant les principes théoriques, ils sont parfaitement d'accord avec l'expérience. Quelquefois l'hiver agit d'une manière plus fâcheuse sur les défrichements, ce qui porte plusieurs personnes à semer plus épais ; mais je n'ai jamais fait attention à cette circonstance : il est vrai qu'au printemps le blé paraît plus clair, mais il talle davantage, et constamment il a été supérieur à celui qui avait crû sur la terre la mieux préparée.

Deuxième Partie.

DES FOURRAGES SUPPLÉMENTAIRES.

CHAPITRE PREMIER.

DES FOURRAGÈRES.

Dans le temps où quelques lisières de ruisseaux, décorées du nom de prés, quelques rares carrés de sainfoin dans des lambeaux de terre épuisée, quelques portions de semis de vesces noires et de farouch, composaient toute notre culture pastorale; on avait contracté l'habitude de réserver, près de chaque métairie, un terrain plus ou moins considérable, où, à force d'engrais, on cultivait quelques portions de grains pour les faucher en vert. C'étaient des criblures de froment (*triticum*), de seigle (*secale*), d'orge (*hordeum*), afin d'obtenir, à différentes époques, une nourriture fraîche et indispensable, surtout à l'époque des travaux du printemps. L'introduction en grand des prairies artificielles a rendu ces *fourragères* (ainsi qu'on appelait cette culture) beaucoup moins utiles : mais l'habitude et la routine, ces deux fléaux de notre agriculture, la ténacité et l'entêtement absurde des paysans, les a fait conserver, quoiqu'elles soient beaucoup moins

soignées qu'elles ne l'étaient. Je les aurais suppri-
mées ; j'en ai éprouvé souvent le désir , mais des
considérations puissantes m'ont arrêté. Quelque
superflues qu'elles soient à présent , ces fourragères sont encore utiles ; elles essuient la plus
grande partie des ravages que fait la volaille ; elles
préservent de quelques dégâts les champs avoisi-
nant le centre de l'exploitation. Seulement, je
les ai réduites à ce que la position chorographique
indiquait ; elles ont consommé moins de fumier ,
et on y a porté exclusivement celui qui , souillé
de mauvaises graines, aurait infecté les terres arables. Aujourd'hui j'en conserve encore pour ce
motif. J'ai essayé d'en consacrer une partie à la
luzerne qui atteint parfaitement le but que l'on se
propose ; mais la luzerne est , en vert, une nourriture dangereuse , et les déprédations de la volaille y sont plus habituelles et plus meurtrières.
Revenant donc aux céréales, je les ai composées ,
1.º de *seigle* et quelquefois de *seigle de la Saint-
Jean* ; 2.º *d'épeautre, espiote* ou *blé local* (*triticum
spelta*) ; 3.º *d'orge distique* , *baillarge* ou *paumelle* (*hordeum distichum*) ; 4.º de *blé rameau*
ou *pétanielle* (*triticum turgidum*) ; 5.º et *d'avoine*
(*avena sativa*) ; mais j'en ai absolument exclu *l'a-
voine sauvage* ou *avron* (*avena fatua*) , dite aussi
folle avoine , qui ne se mêle que trop à nos cultures , et à laquelle il n'est pas bon de donner un
asile protecteur. On pourrait aussi y employer
l'escourgeon , *orge prime* ou *orge d'hiver* (*hordeum hexasticum*), et le *maïs* (*zea*) pour fourrage,
dont je parle en particulier. On voit qu'il ne
manque pas d'espèces pour alterner ; et lorsqu'on

coupe toujours ces graines en vert, il faut peu
d'engrais, les balayures de la métairie suffisent
presque toujours, et le fourrage y est ordinairement un très-bon supplément de nourriture et un
excellent rafraîchissement. Enfin, on pourrait,
dans certains lieux, y employer aussi le *millet,
mil, petit mil (panicum miliaceum)*, le *panis,
millet des oiseaux (panicum italicum)*, l'*alpiste,
millet de canarie (phalaris canadiensis)*, le
sorgho, millet à balais (holcus sorgho), tous grains
aussi médiocres pour l'homme que recherchés
pour les animaux, mais dont la fane a plus ou
moins d'avantages. J'ai peu à dire sur les fourragères, les paysans les ont sous la main, la routine
les y attache, et ils les soignent assez bien, sans
nous en mêler.

CHAPITRE II.

DES FOURRAGES RACINES.

Les fourrages racines ont de bien grands avantages, dont le plus apparent est de n'être pas contraire à la culture des céréales, pour lesquelles ils
préparent au contraire merveilleusement la terre,
qu'ils ameublissent profondément; ils procurent
pour les bestiaux une nourriture succulente, ra-
fraîchissante, et qui donne beaucoup de lait aux
mères. Malheureusement nos terres, plus ou moins
argileuses, sont presque impropres à cette culture; en en reconnaissant les avantages, et m'y
étant plusieurs fois livré, je ne puis la regarder
que comme un produit d'exception et circonstan-

tiel, sur lequel un cultivateur prudent ne doit pas compter, mais qu'il fera bien d'essayer souvent. Ici, ils occupent plus longtemps la terre ; la ténacité du sol les empêche de grossir ; la pluie leur manque souvent ; elle gêne aussi quelquefois pour leur récolte ; et ils ne se conservent que stratifiés dans le sable, à l'abri de l'humidité. Quel que soit le peu de confiance que je puisse avoir dans leur réussite, je crois devoir en dire quelques mots d'après seulement mes essais et mon expérience : j'engage mes confrères à s'en occuper, et peut-être réussiront-ils mieux que moi à leur grand avantage.

Les espèces dont je me suis occupé sont la *rave*, le *panais*, la *betterave*, la *carotte*, la *pomme de terre*, le *topinambour*, et j'ajouterai ce que j'ai éprouvé du *souchet comestible*.

ARTICLE PREMIER.

De la Rave et du Navet.

La RAVE (*brassica rapa*), qui est la même plante que le NAVET (*B. napus*), en est très-difficilement distincte. M. Yvart, dont l'expérience est pour nous un titre à la confiance, appelle *rave* les plantes dont les racines orbiculaires, souvent tronquées ou aplaties, sont plus ou moins hors de terre, et *navet*, celles plus longues que sphériques, qui sont plus enterrées que supérieures au sol. Il faut, pour préparer la terre à les recevoir, la labourer profondément et la fumer légèrement ; on les découvre à la charrue ; et des ouvriers, armés de pioches, achèvent de les enlever. On doit les ménager beaucoup, car elles ne conser-

5

vent pas lorsqu'elles ont été mutilées, et on doit même mettre celles-ci à part pour les consommer les premières. La fane doit avant tout se faucher, et les bestiaux s'en régalent.

En général, on ne sème les raves qu'après la récolte des céréales; on doit les sarcler avec soin, soit à la main, soit avec le sarcloir à cheval, l'extirpateur ou le scarificateur. Le labour, qui arrache les racines, est un premier travail pour la récolte qui doit suivre; et si cette récolte est du maïs ou de toute autre semence de printemps, on a bien le temps de préparer le sol d'une manière convenable. Souvent même, sans inconvénient, on les sème à la fin de l'automne; elles résistent bien au froid, peuvent servir de dépaissance d'hiver, et on les laboure facilement au printemps.

J'ai cultivé la RAVE NOIRE *des Cévennes*, mais surtout la *rave du Limousin*, que les cultivateurs anglais ont améliorée, et à laquelle ils ont donné le nom de TURNEPS. Quant aux navets, j'ai préféré le NAVET ROUGE *de Hollande* et le *navet de Suède* ou RUTABAGA. L'un et l'autre se sèment en automne, et, pourvu qu'ils aient eu le temps de lever, ils végètent malgré le froid qu'ils supportent jusqu'à quinze degrés, et ne montent en graine que vers le mois d'avril. J'en ai recueilli, en 1835, trente charretées par arpent, qui m'ont duré plusieurs mois, mais qui ont germé dans le sable, quoique à l'abri de la chaleur, ce qui est encore une des difficultés de leur conservation. On peut, sans contredit, les faire pâturer pendant l'hiver; mais je n'aime pas cette méthode, à moins d'une surveillance qu'il n'est guère possible d'avoir, afin d'empêcher que nos terres si délicates au piétinement d'hiver, ne soient foulées ou gâchées, et rendues ainsi encore plus rebelles au travail du printemps. D'ailleurs, ce serait contraire à l'axiome sans réserve, que l'expérience me fait toujours avoir sous les yeux, de ne JAMAIS ENTRER DANS NOS TERRES, LORSQU'IL Y A DE L'HUMIDITÉ, ET QUELLE QUE SOIT L'URGENCE DU TRAVAIL. Il est plus avantageux pour les sarclages et la récolte, de semer les raves de toute espèce en lignes, d'un coup de charrue qui se recouvre en refendant le *bourdon* ou sillon, ce que nous appelons le *répis*. Les lignes doivent être éloignées d'environ deux pieds, et chaque arpent doit absorber au plus trois livres de graine. Celle-ci peut lever quoiqu'elle ait deux et peut-être trois ans. On peut transplanter en motte les porte-graines et les placer dans un coin du potager. Tout le monde d'ailleurs connaît la manière de juger de sa maturité, d'en faire la récolte, le battage, le nettoyage, et d'en assurer la conservation.

ARTICLE II.

Du Panais.

Je n'ai qu'une seule fois semé du PANAIS (*pastinaca sativa*), aussi appelé *panet*, *pastenade*, qui, dans nos pays, est confiné dans les potagers; mais que j'ai vu, en Bretagne, cultivé en grand avec beaucoup d'avantage. Le *panais* convient assez à nos terres fortes et humides; on le sème après une récolte de blé, sur une bonne terre et à la volée, et mieux en ligne, à raison de cinq à six livres de graine par arpent : on le sarcle et on le récolte dans le mois d'octobre, s'il résiste bien à la sécheresse. Quant au froid, il ne le craint pas ; c'est une très-bonne nourriture ; mais le panais est si aromatique dans ce pays, que les bestiaux ne tardent pas à s'en dégoûter.

ARTICLE III.

De la Betterave.

Les auteurs géoponiques ont beaucoup vanté, les cultivateurs ont beaucoup multiplié, en certains lieux, la BETTERAVE CHAMPÊTRE ou *racine de* DISETTE (*beta vulgaris campestris*), comme la plus rustique, la plus facile à cultiver et la plus volumineuse des racines fourrageuses. Mais tout en lui rendant justice sous ces divers rapports, et après plusieurs expériences, la *blanche*, et surtout la JAUNE DE SILÉSIE, la même que l'on élève pour ses qualités saccharines, me paraissent devoir être préférées. Cette dernière est aussi facile à venir que la betterave champêtre ; l'individu est moins volumineux, sans doute, mais la masse de la récolte est presque aussi considérable : cette espèce est moins aqueuse, plus charnue et plus nourrissante ; elle est aussi plus recherchée des bestiaux. Malheureusement pour cette plante, comme pour tous les fourrages-racines, notre sol argileux lui est peu favorable ; cependant elle y produit d'assez grosses racines, et celles-ci y sont d'une qualité supérieure : cultivée seulement pour les bestiaux, il est bon de la fumer plus ou moins abondamment.

La terre destinée à la betterave doit être labourée aussi profondément que possible, comme celle destinée à toutes les racines ; on ne doit semer que lorsque la terre est bien ressuyée, mais quand elle conserve assez d'humidité ; le mois d'avril est ici l'époque la plus favorable. On sèmera en lignes, chacune d'elles espacée de deux pieds, et les pieds entre eux le seront de dix-huit pouces. Dès que la plante a cinq ou six feuilles, on la sarcle à la main, et on enlève les pieds superflus que l'on peut repiquer dans les vides : il sera utile de passer la houe à cheval, le sarcloir ou un autre instrument deux fois pendant sa végétation ; il est inutile de la buter ; mais, vu la sécheresse de nos étés, il n'y a pas d'inconvénient à laisser la terre un peu accumulée le long des lignes. Elle mûrit en automme, mais elle laisse toute facilité pour attendre ; et, dans l'intérêt de l'aménagement du sol, il ne faut pas y entrer lorsque celui-ci est humide : on soulève la betterave à la charrue, en suivant chaque ligne à la main avec la pioche ; on cherche à ménager la racine pour éviter les blessures qui la font chancir ; on l'enterre dans le sable, où elle se conserve assez bien : on peut espérer, pour peu que le sol ne lui soit point tout-à-fait contraire, et qu'il soit amendé convenablement, que l'arpent en donnera de quarante à cinquante voitures. On la donne aux bestiaux coupée en morceaux à la main ou avec le coupe-racines, et la terre se trouvera merveilleusement préparée pour être ensemencée en blé, l'automne suivante, ou porter tout de suite du maïs, quelque légume ou quelque fourrage artificiel annuel. On

ne peut pas trop dire quelle est la quantité de
graine qu'il est nécessaire de confier à la terre ; il
vaut mieux qu'elle soit semée clair ; et , dans tous
les cas , il ne faut guère que trois livres par arpent. Elle conserve plusieurs années sa faculté
germinative ; mais comme elle lève lentement ,
plusieurs personnes la font préalablement tremper
dans l'eau : on réserve les plus beaux pieds , que
l'on transplante en motte pour en faire des porte-
graines.

ARTICLE IV.

De la Carotte.

La CAROTTE (*daucus carotta*), est la plus essentielle des racines potagères , et elle est en même
temps la meilleure de celles que l'on peut employer pour fourrage. Aussi les jardiniers ne sont-
ils jamais embarrassés de leur carotte superflue :
dans les villes , les palefreniers l'achètent pour la
donner aux chevaux de luxe , comme nourriture
excellente , et à la fois , substance médicamen-
teuse et d'hygiène ; mais elle est surtout profitable
aux animaux qui se nourrissent en partie de grain.
Seule , la carotte les relâche , les affaiblit tout en
les engraissant ; tous même ne l'appètent pas d'a-
bord , mais tous s'y accoutument assez facilement,
et dès lors la recherchent. C'est donc un excellent
fourrage , et ce qui le rend plus précieux encore ,
c'est qu'il réussit assez généralement. Sans doute ,
nos terres du Lauraguais ne lui sont pas très-ap-
propriées , elles sont trop tenaces , trop argileuses;
la plante est plus difficile à lever ; mais si la terre

est remuée profondément, et suffisamment engraissée; si surtout la plante est soigneusement sarclée, elle produit assez, et prépare merveilleusement le sol pour les céréales, et mieux pour les prairies artificielles. J'ai vu des carottes bien défoncées et bien fumées me donner cinquante voitures de racines par arpent, recevoir avec le plus grand succès une semence de blé, et avec ce blé du sainfoin qui a été superbe. Dès que nos terres ont été bien préparées, toutes peuvent porter de la carotte, calcaires, argileuses, surtout sablonneuses; les carottes peuvent prospérer partout; mais avec ces conditions indispensables. Les racines, une fois établies, résistent à la chaleur et à la sécheresse : nos terres argileuses ont le grand avantage de conserver longtemps la fraîcheur inférieure, quand la glèbe a été suffisamment ameublie.

Toutes les variétés de carottes peuvent être cultivées avec succès; beaucoup de gens préfèrent la *rouge*; la *blanche de Breteuil* passe pour la plus rustique et la plus grosse, quoique moins fine; la *jaune d'Achicourt* me paraît la préférable. Il est bien difficile d'indiquer la quantité de graine qu'exige un arpent de terre; cela dépend beaucoup du mode de culture adopté. Comme les autres racines, je crois qu'après un ou deux labours profonds, il faut semer la carotte en ligne, et il suffit alors d'employer de sept à huit livres par arpent. On lèvera les plus belles plantes et les plus fortes racines pour les transplanter dans un carreau au potager, pour porte-graines : la semence peut se garder deux ans. Le sarclage doit se faire comme je l'ai indiqué pour la betterave.

ARTICLE V.

De la Pomme de terre.

La pomme de terre, morelle ou solanée parmentière (*solanum tuberosum*), appelée en quelques endroits, très-improprement, *patate* et *truffe*, est une plante heureusement connue de tout le monde, d'un usage universel, dont les tubercules peuvent garantir l'homme de la crainte de manquer jamais d'aliments, et qui sont aussi pour les animaux une nourriture précieuse. La culture de la pomme de terre, ou plutôt de la *parmentière*, comme nous devons l'appeler, est la même, sous tous les rapports, quel que soit l'usage auquel on la destine. Sans être très-appropriée à la nature du sol que nous faisons valoir, elle y réussit généralement assez bien ; mais elle n'est pas pour nous de la même importance que dans le Nord et dans les pays de montagnes. Elle épuise nos terres et les prépare assez mal pour le blé, à moins d'être très-engraissée ; aussi est-il, à mon gré, difficile de la faire entrer dans nos assolements réguliers, et elle est de toute manière avantageusement remplacée par le maïs. Il n'en est pas moins vrai que, pour la consommation de la famille, comme pour celle des étables, c'est un supplément précieux. Je suis le premier, je crois, qui ai eu l'idée de couvrir de fumier consommé le sillon dans lequel on range les tubercules ; et, malgré cette précaution, je n'ai jamais été bien content du blé qu'elle avait précédé. Si l'on peut, après des labours profonds, donner à la parmentière plusieurs sarcles avec de bons instruments, il est possible que l'on soit plus satisfait des résultats subséquents de sa culture. C'est, je crois, à tort que l'on butte beaucoup les parmentières; elles se multiplient assez si la terre est profondément ameublie et bien engraissée. On n'est pas très-d'accord sur la variété qu'on doit préférer. J'ai cultivé celles connues sous le nom de *parmentière de montagne*, jaune, obronde, assez précoce, grosse et productive, qui ressemble à celle qu'on appelle *chave* à Paris; la *rose* longuette, d'excellente qualité, mais moins abondante, dite aussi *Descroizilles*; la *truffe d'août*, très-précoce, un peu brune; la *violette*, la *violette superfine*; enfin, la *parmentière de Hollande*, longue, petite, excellente pour la table et fort délicate; elle a deux variétés, la *rouge* et la *jaune*, mais la seconde surtout est assez productive. Pour la table, c'est cette dernière que je préfère; pour l'usage commun, la grosse jaune de montagne. Je n'ai pas cultivé l'espèce énorme que l'on doit à M. d'Escars, et qu'on a fait venir de Genève. Quand la parmentière est grosse, on peut la couper en quartiers pour la planter, pourvu que chacun ait un œil; mais je préfère recueillir les petites et les semer entières. On les lave et on les coupe par morceaux à la main ou avec le coupe-racine pour les servir aux bestiaux.

ARTICLE VI.

Du Topinambour.

Je n'ai jamais vu cultiver comme fourrage racine, je n'ai jamais cultivé moi-même le TOPINAMBOUR , *poire de terre* , *canada* , *hélianthe tubéreux (helianthus tuberosus)* , mais je suis convaincu qu'il pourrait fort avantageusement être employé à cet usage, ainsi que l'a essayé M. Yvart. Le topinambour, fort estimé pour la table, a, comme fourrage, l'inconvénient d'être aqueux, surtout pour les moutons ; ce qui exige de leur donner en même temps des fourrages fortifiants, et surtout du foin sec et relevé , et lorsqu'on le peut , du sel. Pour les vaches , on ne s'est pas aperçu de cet effet fâcheux. Il doit être cultivé comme la parmentière, mais on n'a pas besoin de l'arracher avant l'hiver ; il résiste bien au froid et peut se conserver en terre ; ses tiges donnent un combustible utile. Son principal désagrément est sa persistance et la difficulté de son extirpation , ce qui exige des soins , et de faire pâturer constamment les rejets qu'il reproduit longtemps. Il vient partout , et si l'on a quelque coin de terre isolé, on peut l'utiliser de cette manière.

ARTICLE VII.

Du Souchet comestible.

Le SOUCHET COMESTIBLE , *amande de terre (cyperus exculentus)*, est une plante dont les tubercules nombreux offrent une excellente nourriture pour les hommes ; on en tire aussi de l'huile, et on en compose une tisane ou orgeat fort agréable. Les bestiaux en sont aussi avides, et cette nourriture est fort substantielle. J'avais essayé en 1810 de le cultiver, quoique la nature de notre sol ne me parût pas lui être très-appropriée ; cependant cette plante me réussit assez bien, et je résolus en 1811 d'en faire un essai un peu plus en grand. Je n'eus de tubercules que pour en planter deux lignes ; je les sarclai avec soin, l'année ne fut pas sèche, je ne les arrosai pas ; mais lorsque je voulus les arracher, je me trouvai prévenu, et on me les avait volés. Cela me dégoûta, et je n'y suis pas revenu. Je crois cependant que l'on pourrait de nouveau l'essayer. On plante le souchet en avril, et on l'enlève en octobre ; on peut le donner aux animaux cru ou cuit ; mais au fond je ne sais si ce tubercule serait une véritable ressource, et si elle résisterait à nos gelées tardives et à nos étés brûlants ; je ne puis même dire avoir de bons pressentiments sur ce point.

CHAPITRE III.

DES FOURRAGES EN GRAIN.

Pour complément de ce que je dis ici sur les fourrages, je crois devoir dire quelques mots des grains que l'on donne aux animaux domestiques, tant bêtes à cornes, chevaux, que bêtes à laine. C'est toujours le grain le plus commun, celui dont le prix est le moins élevé, que l'on destine à cet usage. Ainsi c'est tantôt l'orge , tantôt le maïs, quelquefois les fèves , et presque uniformément l'avoine.

1.° L'orge (*hordeum*), tant *l'orge commune* , *orge carrée* , *grosse orge* , *escourgeon* (*H. vulgare*), que *l'orge à deux rangs* , *petite orge baïlliarge* , *paumelle* , *paumoule* , et sa variété *paumoule nue* ou *orge pillet* (*H. distichon*), est , on peut l'assurer, le meilleur des fourrages verts pour les chevaux , les mules et les bœufs. Il est très-sain , il les nourrit bien , les purge , les rafraîchit , leur tient le ventre libre , les calme et les prépare à supporter les chaleurs de l'été ; mais bien avancée , épiée , elle les engraisse trop et les prédispose à la fourbure. L'orge en grain partage ces propriétés , mais la fourbure n'est pas à craindre ; elle doit être bien criblée pour qu'elle ne fasse pas tousser les animaux. La dose qu'on doit leur en donner est la même que celle de l'avoine.

2.° Le maïs (*zea*), lorsque son prix est bas, souvent est donné aux chevaux ; on lui reproche de les échauffer , mais j'ai vu en 1814 toute la cavalerie de l'armée anglaise s'en nourrir sans qu'elle s'en trouvât mal. Je l'ai souvent employé avec avantage. Sans donner aux animaux l'excitation que leur procure l'usage de l'avoine , le maïs les remplit mieux ; tous les animaux l'aiment passionnément , il les engraisse ; et ils consomment facilement et avec avantage le maïs fraîchement recueilli , et celui dont la maturité n'est pas complète et que nous appellons maïs *rasson* ou *de rebut*. Il n'est pas nécessaire d'en donner plus que de l'avoine, et si cette dernière, ainsi que l'orge, ne sont pas excessivement bonnes pour les bœufs, parce qu'ils ne les mâchent qu'incomplètement et qu'elles peuvent leur donner des tranchées, le maïs leur convient à merveille.

3.° L'AVOINE (*avena*) donnée en vert, est une très-bonne nourriture pour tous les bestiaux; elle partage les qualités de l'orge : la paille est surtout favorable aux bœufs qui la mangent en hiver aussi bien que le foin, et auxquels elle tient la respiration libre, donne une chair ferme et beaucoup d'activité. Comme c'est en général le grain le meilleur marché, on l'emploie presqu'exclusivement pour les chevaux; il les nourrit moins que l'orge, mais leur donne plus d'ardeur, en leur donnant une surexcitation qui cependant n'est pas malfaisante. On ne doit leur en donner que quand ils travaillent, ou du moins qu'ils font un travail forcé; alors un à deux boisseaux par jour sont suffisants. Les chevaux de luxe qui en ont habituellement, sont servis à la même dose. Il est plus sage de ne la leur donner qu'après qu'ils ont bu, et il faut la cribler avec soin. L'avoine précipite leur digestion, quoique souvent les animaux ne la digèrent pas : aussi le fumier des chevaux nécessite-t-il souvent des sarclages plus sévères.

3.° La FÈVE (*faba*) est une excellente nourriture pour les animaux, surtout pour les bœufs. Elle les dispose à l'engraissement, elle les nourrit bien, quoique la digestion en soit facile. Elle fait aussi grand bien aux chevaux sans leur donner d'ardeur. Son seul inconvénient est son

prix plus élevé, aussi la dose n'est-elle guère que
la moitié de celle de l'avoine. Elle se digère complètement.

On se trouve souvent très-bien de donner ces
grains en gruau, c'est-à-dire grossièrenent mou-
lus. Je crois même que, sauf l'embarras que ce
travail occasionne, il vaut mieux les leur donner
sous cette forme et légèrement imbibés d'eau.
L'absorption de cette nourriture est plus complète,
aussi en peut-on diminuer la quantité.

D'après les expériences et les recherches de
MM. Raspail, Rollet et Guénié, tous les grains,
surtout l'orge, le seigle et l'avoine renferment du
gluten ou de la matière azotée, c'est-à-dire, la
vraie substance alimentaire ; le seigle 12 pour °/₀,
l'orge et l'avoine seulement 3 pour °/₀, et celle-ci
24 ou 25 pour °/₀ de matière fibreuse ou pailleuse,
qui peut lester l'estomac, mais ne peut le sus-
tenter.

Cependant ce gluten ne peut se digérer facilement
renfermé dans la fécule, que lorsqu'il est moulu,
mais surtout s'il est cuit ou fortement attendri par
un séjour de quelques heures dans l'eau bouillante.
Cette opération augmente donc bien réellement
l'alimentation, et obvie aux inconvénients qui ré-
sultent de l'aridité du grain, de sa dureté et de
l'excès de la matière fibreuse. On peut donc en
donner beaucoup moins tout en augmentant même
la qualité nutritive. Ainsi en faisant crever le
grain dans l'eau et le faisant ensuite sécher, il
augmente deux à trois fois de volume et de poids,
et en donnant la même quantité, on assure aux
animaux une nourriture encore plus abondante,

et de beaucoup moins chère. Si par mois un cheval qui consomme un hectolitre de grain n'en consomme plus que la moitié, il y a plus d'économie, plus de salubrité, et moins d'accidents à craindre.

Tous ces grains entretiennent très-bien tous les animaux, les volailles et tous les habitants de la basse-cour. Leur usage les excite à pondre. Pour ceux-ci, toutes les grenailles, surtout si elles sont cuites, VESCES *noires*, *blanches* et *jaunes*, les POIS, les GESSES, sont très-salutaires. Ce qui leur serait le plus avantageux, hygiènement parlant, serait le SARRASIN, lorsqu'il est commun, et L'ERS ; mais beaucoup d'animaux répugnent à celui-ci et le rejettent à cause de son amertume. On dit même qu'il empoisonne les cochons.

Ce qui n'est pas une nourriture, mais un excipient admirablement utile pour tous les cas, est le MURIATE DE SOUDE OU SEL DE CUISINE, si indispensable pour l'homme et très-propre à entretenir la santé chez les animaux, à corriger les mauvaises nourritures, aiguiser l'appétit, et à servir de préservatif contre la plupart des affections fâcheuses. Aussi en fait-on usage en beaucoup de lieux, et a-t-on observé que les foins venus dans les terres salées, sont beaucoup plus appétissants, beaucoup plus nourrissants que les autres. Les moutons surtout, ont besoin de resserrer leur fibre, naturellement lâche ; de fortifier leur tempérament excessivement lymphatique ; et le sel est pour eux presque un condiment nécessaire qui corrige la putridité si délétère chez eux. Le meilleur moyen de l'administrer, est de faire un

baquet de saumure , dans lequel on trempe pendant quelques minutes le foin qu'on va leur donner. Malheureusement le haut prix du sel est un
obstacle à son emploi ; et le produit en est si
important pour le fisc , qu'il est à croire que ce
prix sera toujours très-élevé.

FIN.

TABLE SYNOPTIQUE

DES PLANTES

DONT IL EST PARLÉ DANS CET OUVRAGE.

DEUXIÈME CLASSE.

PLANTES MONOCOTYLÉDONES.

PREMIÈRE SOUS-CLASSE.

MONOCOTYLÉDONES CRYPTOGAMES.

DEUXIÈME SOUS-CLASSE.

PLANTES MONOCOTYLÉDONES PROPREMENT DITES.

TROISIÈME CLASSE.

PLANTES DICOTYLÉDONES.

FIN DE LA TABLE SYNOPTIQUE.

TABLE DES MATIÈRES.

PREMIÈRE PARTIE.

DES DIFFÉRENTES ESPÈCES DE PRAIRIES.

SECONDE PARTIE.

DES FOURRAGES SUPPLÉMENTAIRES.

FIN DE LA TABLE DES MATIÈRES.